高等职业教育园林类专业系列教材

U0280094

模型设计与制作

MOXING SHEJI YU ZHIZUO

主　编　洪菁遥　陈卉丽　王雅婷

副主编　黄文娟　胡中平

主　审　余晓曼

重庆大学出版社

内 容 提 要

本书是适应园林景观设计、环境艺术设计、室内设计专业教学改革、拓宽专业面需要的一本新教材。其内容为模型概述、模型制作工具、模型制作材料、模型设计与制作流程、室内模型制作实训、室外模型制作技法、室外模型制作实训、模型的摄影与保存、优秀作品欣赏共9章。本书重点讲述了室内外模型制作的方法及程序，并将环保材料与模型制作结合紧密，能够满足读者学以致用的诉求，帮助读者了解当前最新的模型制作材料、工艺等，为模型教学动手实践提供有益的科学指导，并为环保事业做出一份贡献。本书配有电子课件，可在重庆大学出版社官网上下载。书中含42个二维码，可扫码学习。

本书可作为高职高专和应用型本科园林景观设计、环境艺术设计、室内设计、城乡规划等专业教材，也可作为相关专业从业人员的参考书。

图书在版编目（CIP）数据

模型设计与制作／洪菁遥，陈卉丽，王雅婷主编. -- 重庆：重庆大学出版社，2021.1（2022.8 重印）

高等职业教育园林类专业系列教材

ISBN 978-7-5689-2259-3

Ⅰ.①模… Ⅱ.①洪… ②陈… ③王… Ⅲ.①环境设计—模型—制作—高等职业教育—教材 Ⅳ.①TU-856

中国版本图书馆 CIP 数据核字（2020）第 110009 号

模型设计与制作

主　编　洪菁遥　陈卉丽　王雅婷
副主编　黄文娟　胡中平
主　审　余晓曼

策划编辑：何　明

责任编辑：何　明　　版式设计：莫　西　何　明
责任校对：万清菊　　责任印制：赵　晟

*

重庆大学出版社出版发行
出版人：饶帮华
社址：重庆市沙坪坝区大学城西路 21 号
邮编：401331
电话：(023)88617190　88617185(中小学)
传真：(023)88617186　88617166
网址：http://www.cqup.com.cn
邮箱：fxk@cqup.com.cn（营销中心）
全国新华书店经销
重庆长虹印务有限公司印刷

*

开本：787mm×1092mm　1/16　印张：8　字数：212 千
2021 年 1 月第 1 版　　2022 年 8 月第 2 次印刷
印数：2 001—4 000
ISBN 978-7-5689-2259-3　定价：53.00 元

编委会名单

主　任　江世宏

副主任　刘福智

编　委（按姓氏笔画为序）

卫　东	方大凤	王友国	王　强	宁妍妍
邓建平	代彦满	闫　妍	刘志然	刘　骏
刘　磊	朱明德	庄夏珍	宋　丹	吴业东
何会流	余　俊	陈力洲	陈大军	陈世昌
陈　宇	张少艾	张建林	张树宝	李　军
李　璟	李淑芹	陆柏松	肖雍琴	杨云霄
杨易昆	孟庆英	林墨飞	段明革	周初梅
周俊华	祝建华	赵静夫	赵九洲	段晓鹃
贾东坡	唐　建	唐祥宁	秦　琴	徐德秀
郭淑英	高玉艳	陶良如	黄红艳	黄　晖
彭章华	董　斌	鲁朝辉	曾端香	廖伟平
谭明权	潘冬梅			

编写人员名单

主　编　洪菁遥　长沙环境保护职业技术学院

陈卉丽　长沙环境保护职业技术学院

王雅婷　长沙环境保护职业技术学院

副主编　黄文娟　长沙环境保护职业技术学院

胡中平　湘潭大学

参　编　侯玉婷　湘珂教育培训学校

张　静　湖南方兴汇达企业管理有限公司

吕慧娟　长沙环境保护职业技术学院

主　审　余晓曼　中国建筑西南设计研究院有限公司

总　序

　　改革开放以来,随着我国经济、社会的迅猛发展,对技能型人才特别是对高技能人才的需求在不断增加,促使我国高等教育的结构发生重大变化。据2004年统计数据显示,全国共有高校2 236所,在校生人数已经超过2 000万,其中高等职业院校1 047所,其数目已远远超过普通本科院校的684所;2004年全国招生人数为447.34万,其中高等职业院校招生237.43万,占全国高校招生人数的53%左右。可见,高等职业教育已占据了我国高等教育的"半壁江山"。近年来,高等职业教育逐渐成为社会关注的热点,特别是其人才培养目标。高等职业教育培养生产、建设、管理、服务第一线的高素质应用型技能人才和管理人才,强调以核心职业技能培养为中心,与普通高校的培养目标明显不同,这就要求高等职业教育要在教学内容和教学方法上进行大胆的探索和改革,在此基础上编写出版适合我国高等职业教育培养目标的系列配套教材已成为当务之急。

　　随着城市建设的发展,人们越来越重视环境,特别是环境的美化,园林建设已成为城市美化的一个重要组成部分。园林不仅在城市的景观方面发挥着重要功能,而且在生态和休闲方面也发挥着重要功能。城市园林的建设越来越受到人们重视,许多城市提出了要建设国际花园城市和生态园林城市的目标,加强了新城区的园林规划和老城区的绿地改造,促进了园林行业的蓬勃发展。与此相应,社会对园林类专业人才的需求也日益增加,特别是那些既懂得园林规划设计,又懂得园林工程施工,还能进行绿地养护的高技能人才成为园林行业的紧俏人才。为了满足各地城市建设发展对园林高技能人才的需要,全国的1 000多所高等职业院校中有相当一部分院校增设了园林类专业,其招生规模得到不断扩大,与园林行业的发展遥相呼应。但与此不相适应的是适合高等职业教育特色的园林类教材建设速度相对缓慢,与高职园林教育的迅速发展形成明显反差。因此,编写出版高等职业教育园林类专业系列教材显得极为迫切和必要。

　　通过对部分高等职业院校教学和教材的使用情况的了解,我们发现目前众多高等职业院校的园林类教材短缺,有些院校直接使用普通本科院校的教材,既不能满足高等职业教育培养目标的要求,也不能体现高等职业教育的特点。目前,高等职业教育园林类专业使用的教材较少,且就园林类专业而言,也只涉及到部分课程,未能形成系列教材。重庆大学出版社在广泛调研的基础上,提出了出版一套高等职业教育园林类专业系列教材的计划,并得到了全国20多所高等职业院校的积极响应,60多位园林专业的教师和行业代表出席了由重庆大学出版社组织的高等职业教育园林类专业教材编写研讨会。会议上代表们充分认识到出版高等职业教育园林类专业系列教材的必要性和迫切性,并对该套教材的定位、特色、编写思路和编写大纲进行了认真、深入的研讨,最后决定首批启动《园林植物》《园林植物栽培养护》《园林植物病虫害防治》《园林规划设计》《园林工程》等20本教材的编写,分春、秋两季完成该套教材的出版工作。主编、副主编和参加编写的作者,是全国有关高等职业院校具有该门课程丰富教学经验的专家和一线教师,且他们大多为"双师型"教师。

本套教材的编写是根据教育部对高等职业教育教材建设的要求,紧紧围绕以职业能力培养为核心设计的,包含了园林行业的基本技能、专业技能和综合技术应用能力三大能力模块所需要的各门课程。基本技能主要以专业基础课程作为支撑,包括有8门课程,可作为园林类专业必修的专业基础公共平台课程;专业技能主要以专业课程作为支撑,包括12门课程,各校可根据各自的培养方向和重点打包选用;综合技术应用能力主要以综合实训作为支撑,其中综合实训教材将作为本套教材的第二批启动编写。

本套教材的特点是教材内容紧密结合生产实际,理论基础重点突出实际技能所需要的内容,并与实训项目密切配合,同时也注重对当今发展迅速的先进技术的介绍和训练,具有较强的实用性、技术性和可操作性三大特点,具有明显的高职特色,可供培养从事园林规划设计、园林工程施工与管理、园林植物生产与养护、园林植物应用,以及园林企业经营管理等高级应用型人才的高等职业院校的园林技术、园林工程技术、观赏园艺等园林类相关专业和专业方向的学生使用。

本套教材课程设置齐全、实训配套,并配有电子教案,十分适合目前高等职业教育"弹性教学"的要求,方便各院校及时根据园林行业发展动向和企业的需求调整培养方向,并根据岗位核心能力的需要灵活构建课程体系和选用教材。

本套教材是根据园林行业不同岗位的核心能力设计的,其内容能够满足高职学生根据自己的专业方向参加相关岗位资格证书考试的要求,如花卉工、绿化工、园林工程施工员、园林工程预算员、插花员等,也可作为这些工种的培训教材。

高等职业教育方兴未艾。作为与普通高等教育不同类型的高等职业教育,培养目标已基本明确,我们在人才培养模式、教学内容和课程体系、教学方法与手段等诸多方面还要不断进行探索和改革,本套教材也将会随着高等职业教育教学改革的深入不断进行修订和完善。

编委会

2006 年 1 月

前　言

　　本书是在总结高等职业教育经验的基础上，结合我国高等职业教育的特点，基于高职学生的知识结构水平和行业对技术人员的要求编写的。"模型设计与制作"课程是园林景观专业、环境艺术设计专业、室内设计等专业必不可少的专业核心课程，旨在培养学生思维空间、造型能力，提高学生空间想象力及对三维空间的视觉表达能力和动手能力。

　　本书从室内外模型制作的真实案例着手，详细介绍了模型的概念、发展简史、分类与发展趋势、模型制作工具材料以及制作方法和步骤，用实际教学案例全面系统地讲解室内外模型从设计方案到模型制作的全过程。内容包括制作要求、要点、方法以及所需要的材料、工具等，大量实训制作图片详尽地记录了室内外模型设计与制作的全过程，并针对每一具体环节进行了详细阐述，图文并茂且通俗易懂，所涵盖的过程全面而系统，使复杂模型图纸的拆解过程与制作过程变得清晰易懂，旨在帮助读者由浅入深、循序渐进地全面学习模型设计与制作，让读者触类旁通地制作出更优秀的模型作品。

　　本书含42个二维码，可扫码学习。

　　本书由洪菁遥、陈卉丽、王雅婷主编，黄文娟、胡中平担任副主编，侯玉婷、张静和吕慧娟参编，全书由洪菁遥拟定编写大纲并统稿，余晓曼主审。

　　本书适用于高等职业院校园林景观设计、环境艺术设计、室内设计、城乡规划等专业的课程教学，大部分资源素材是编者多年模型制作教学工作与经验的汇总，有部分案例、图片和资料选摘于国内外相关网络资源，符合目前模型制作专业学员的所想所要。本书在编写过程中得到了学院同仁和重庆大学出版社的大力支持，由于编者水平有限，书中难免有不足之处，恳请广大读者和专家批评指正。

编　者

2020 年 11 月

目　录

1 模型概述

【学习目标】

了解模型的概念、发展史、分类以及发展趋势,加深对模型制作的认识,为制作不同类型的模型奠定基础。

1.1 模型的概念

模型,即依据设计意图或方案图纸,按比例缩放制作的三维实物。通过制作模型,设计者在制作中可以进一步激发设计灵感,发现设计中存在的问题,并可以表达设计思路,进行设计成果展示。直观、形象的模型对于施工也具有良好的指导作用。

模型包括建筑局部、内部,乃至周围景观的细部表现。从空间关系上看,它不仅要表现景观的空间地形关系、建筑的外部造型,还要表达建筑的室内空间,建筑的朝向、通风、采光,外立面的艺术形式,以及相关配套的环境、功能等无法从平面上反映出来的因素,因此通过模型表现各个方面的关系是保证设计成功的必备条件之一。

1.2 模型的发展简史

最早的模型起源于我国汉代,历经明器、沙盘、烫样和"样式雷"等各个阶段。汉代墓葬中随葬的建筑明器,就是最早的建筑模型雏形。大致同时期出现的,还有用于将帅指挥战争的沙盘模型。公元32年,汉光武帝征讨陇西的隗嚣,召名将马援商讨。马援对陇西一带了如指掌,用米堆成一个与真实地形相似的模型以便战术分析,汉光武帝见之大喜说:"敌人的情况已经尽在我的眼中了!"(图1.1)

在模型制作的历史中,把模型用于建筑设计最为典型的还是清朝"样式雷"宫廷建筑设计师家族。17世纪末,南方匠人雷发达应募来北京参与宫殿建造。他因为技术高超,很快被提升担任设计工作,并从他起一共七代直到清朝末年。这个世袭的建筑师家族被称为"样式雷"。"样式雷"的图纸有投影图、正立面、侧立面、旋转图、烫样等各种类型。其中,烫样是用纸张、秫秸和木头加工制作成的模型图,如图1.2所示。烫样为后人了解当时的科学技术、工艺制作及

图1.1　作战沙盘

图1.2　烫样

文化艺术都起到了重要作用。这种早期的建筑或者环境模型,精细地展示出了建筑结构和环境布局,为设计者及施工者都提供了较为直观的形象。

改革开放以来,房地产业迅速发展,建筑沙盘模型已悄然成为售楼中心必不可少的工具之一,开发商通过建筑模型让消费者很直观地了解到开发项目的周边环境、内部布局和建筑结构,如图1.3所示。随着城市规划、房地产业和建筑设计业的蓬勃发展,建筑沙盘模型设计制作迅速崛起,得到了空前的发展。

图1.3　房地产建筑模型

1.3　模型类型

由于不同的设计表现形式,建筑模型也具有多样性和差异性。下面介绍几种常见的模型类型。

1.3.1　按所用材料分类

按所用材料,模型可分为石膏模型、木质模型、塑料模型、纸质模型等。

1)石膏模型

石膏是一种白色粉末,加水干燥后成为固体材料,通过喷涂着色使模型更加贴近实物,是一种较为实用的模型材料,如图1.4所示。

2)木质模型

木质模型主要用于家具和建筑结构分析及艺术欣赏,如图1.5所示。这种模型材料主要采用胶合板材料制作,木质模型经过涂饰处理可以模仿多种材质。

图1.4　石膏模型

图1.5　木质模型

3）塑料模型

塑料模型适用于实体、工业设计和区域规划模型，如图1.6所示。塑料模型一般采用发泡塑料制作，该材料材质较为柔软且轻便，易制作和加工，成本低。

4）纸质模型

纸质模型适宜于构思训练，可以通过不同的手法来展示各种效果，如图1.7所示。这种模型造价低廉、极易加工、粘接容易、质感较好，但容易受潮，不适合长期保存，因此常作为短期实体建筑模型。

图1.6　塑料模型

图1.7　纸质模型

1.3.2　按设计程序分类

按照设计程序中出现的先后顺序，模型可分为概念模型、工作模型、展示模型等。

1）概念模型

概念模型主要用于设计的构思阶段，对应设计草图，用于研究建筑或环境的大致空间结构、体量、外观和比例等，形式宜简洁概括，如图1.8所示。

图1.8　概念模型

2）工作模型

工作模型用于方案创作和扩初阶段,对应方案设计图(包括平面图、立面图、剖面图等)进行设计交流和阶段性方案成果投标报批,用于研究建筑或环境的尺度、空间、颜色、样式等。工作模型在表现上比概念模型更为深入,有精确尺寸比例,但仍然为设计留有可变的空间,如图1.9所示。

3）展示模型

展示模型又称为表现模型,用于设计方案完成之后到施工及至建造完成阶段。对应扩初图或施工图、鸟瞰图等,展示模型是按照一定的微缩比例把建筑细部都表现出来的模型,用于设计成果展览、汇报交流、商业销售等,如图1.10所示。

图1.9　工作模型　　　　　　　　　　　　图1.10　展示模型

1.3.3　按环境类型分类

按环境类型,模型可分为地形模型、景观模型、花园模型等。

1）地形模型

地形模型又称等高线模型,如图1.11、图1.12所示。地形模型通过材料的叠加和模拟升降变化,产生一定的高低变化,主要起到观察水流方向及后期改造等作用。

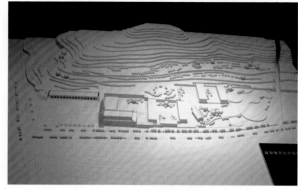

图1.11　地形模型1　　　　　　　　　　　图1.12　地形模型2

2）景观模型

景观模型塑造比例一般为1:500、1:1 000、1:2 500、1:5 000。这种模型主要表现交通、绿化、水体、植物等,建筑主体和建筑主体群一般以简单的形式呈现,如图 1.13 所示 。

图 1.13　景观模型

3）花园模型

花园模型被认为是景观模型的一方面,比例上有 1∶500、1∶200、1∶100 和 1∶50。这样的模型与小型的住宅区或是个人建筑,或是城市的内部空间都息息相关,如图 1.14 所示 。

图 1.14　花园模型

1.3.4　按建筑主体分类

按建筑主体,模型可分为城市规划模型、建筑物模型、构造模型、内部空间模型、细节模型等。

1）城市规划模型

城市规划模型是概况、位置规划的模型。可以展现出城市的发展与变化,整个模型简洁美观,受人青睐,如图 1.15 所示。

2）建筑物模型

建筑物模型是以 1∶500 或 1∶200 的比例制作成的城市建筑中地形学模型的附加模型,如图

图 1.15　城市规划模型

1.16 所示。在建筑模型中可以表现出主要的外立面效果、屋顶平面、建筑地基位置、建筑门窗造型、建筑构件等。

3）构造模型

　　构造模型是让模型的结构呈开放状，而不是整体造型的建筑，如图 1.17 所示。这种模型不仅能够描绘出建筑的构造关系，还能解决功能和结构上的问题。

图 1.16　建筑物模型

图 1.17　构造模型

4）内部空间模型

　　通过内部空间模型研究与探讨，观察室内的空间展示与表达，如图 1.18 所示。

5）细节模型

　　设计模型环节的结构细节模型，就是研究比较精细的位置，展现复杂的设计，如图 1.19 所示。

图 1.18　内部空间模型

图 1.19　细节模型

1.4　模型的发展趋势

近年来,随着现代设计理念的不断进化,模型的展示效果也日趋立体化、信息化。可以预见,随着人们认识水平的不断深化、科技水平的不断提高,未来的模型将在制作工具、材料、工艺、表现形式等多个方面取得长足的进步。

1.4.1　工具

目前,模型制作中,大多采用手工和半机械化加工,制作工具较多地采用钣金、木工和加工工具,而专业的模型制作工具屈指可数,较大程度上制约着模型制作水平的提高。从国内外工具业的发展趋势来看,模型制作工具将向着系统化、专业化的方向持续发展,不断助推模型制作,如图 1.20 所示。

图 1.20　工具

1.4.2　材料

制作材料与模型的发展关系紧密,现在的主要模型制作材料有合金、塑料等。随着材料科学的不断发展,模型制作所需的基本材料和专业材料都呈现出多样化的趋势。模型制作将不会停留在对现有材料的使用上,而是不断探索、开发、使用各种新材料。

1.4.3　工艺

制作工艺也是模型制作中不可或缺的一个重要环节。现在的模型制作中,各种专门工具和电脑雕刻机的大量使用,使得模型制作的精度和效率较以往有了极大提升。但是,计算机和机械的使用并不能完全取代手工艺术,未来的模型制作将会呈现传统手工制作和现代高科技制作相互补充、互为一体的趋势。

1.4.4　表现形式

　　近年来,采用多媒体计算机控制的声、光、电一体模型已经开始逐步显现。随着智能化和动态化的介入,给模型制作增加了更广阔的外延。在未来的制作中,模型的表现形式将越趋多元,智能化、数字化、人性化水平不断提高。

课后思考

　　1.室内外模型各分为哪几类?
　　2.试论模型的发展趋势。

项目训练

实训项目

　　收集室内外模型资料,并分析研究其类型特点。

实训目的

　　强化对室内外模型类型特点的认知。

实训指导

　　(1)通过参观展览、拍摄模型图片、上网下载或查阅资料、收集模型实物等途径,研究分析常见的模型类型及其特点。
　　(2)研究不同类型模型在特定环境下的功能。
　　(3)以 3~5 人为一组展开调研和讨论。

实训成果提交

　　调研完成后,整理调研报告,以 PPT 形式进行成果讲解和论述。

2 模型制作工具

【学习目标】

学会使用制作模型的工具,熟悉和掌握各类制作工具的性能。

在建筑模型制作中,一般制作都是用手工或者半机械完成,因此制作工具的选择和使用在很大程度上决定了模型最终的效果。

模型制作中使用的材料、工具多种多样,根据使用材料不同,工具也会随之改变。正确选择模型工具,并对工具熟练掌握和使用,能较大地提高模型制作的速度和精度。本章将介绍一些常用的模型制作工具。

从工具分类的角度来说,模型制作工具可分为测绘工具、切割工具、钻孔工具、打磨工具、喷笔等。

2.1 测绘工具

模型制作是在已有的设计图纸上,根据一定的比例进行精确的缩放,制作而成的三维模型。在制作过程中,首先需要在材料的表面绘制出所需图样,然后再对材料进行切割,所以图样绘制的精确度直接决定了模型制作的准确性。常用的测绘工具有以下几种。

2.1.1 三棱尺(比例尺)

三棱尺是测量、换算图纸比例尺度的主要工具。其测量长度与换算比例多样,使用时应根据情况进行选择。三棱尺又能作定位尺,在对稍厚的弹性板材作60°斜切割时非常有用,如图2.1所示。

2.1.2 直尺

直尺是画线、绘图和制作的必备工具。一般分为有机玻璃直尺和不锈钢直尺。其常用的长度有 300 mm、500 mm 等几种。不锈钢直尺由于其耐磨、耐腐蚀、不怕划等特点，在模型行业中应用较多，如图 2.2 所示。

图 2.1 三棱尺   图 2.2 直尺   图 2.3 三角板

2.1.3 三角板

三角板是用于测量及绘制平行线、垂直线、直角与任意角的量具。常用尺寸为 300 mm，如图 2.3 所示。

2.1.4 卷尺

卷尺分为钢卷尺和皮卷尺，如图 2.4 所示。使用时卷尺的零刻度线紧贴着物体一端，然后与测量物体保持平行，拉动尺子到物体的另一端，并且紧贴，眼睛保持垂直，读取数据。

2.1.5 模板

模板是一种测量、绘图的工具。它可以测量、绘制不同形状的图案，主要有曲线板、绘圆模板、椭圆模板、建筑模板、工程模板等，如图 2.5 所示。

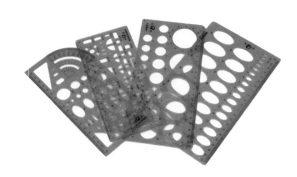

图 2.4 卷尺   图 2.5 模板

2.1.6　圆规

圆规是用于测量、绘制圆的常用工具。常用的形态有两种：一种是有一脚是尖针，另一脚是铅芯；另一种是两脚均为尖针的圆规。后者经常用于等比的分割画线，也被称作分规，如图2.6所示。

2.1.7　弯尺

弯尺是用于测量90°角的专用工具。尺身为不锈钢材质，测量长度规格多样，是模型制作中切割直角时常用的工具，如图2.7所示。

图 2.6　圆规

图 2.7　弯尺

2.1.8　蛇尺

蛇尺是一种可以根据曲线的形状任意弯曲的测量、绘图工具。蛇尺由橡胶材料做成，尺身长度为 300 mm、600 mm、900 mm 等多种规格，如图2.8所示。

2.1.9　游标卡尺

游标卡尺是用于测量加工物件内外径尺寸的量具。同时，它又是塑料类材料画线的理想工具。其测量精度可达 0.02 mm。一般有 150 mm、300 mm 两种量程，如图2.9所示。

2.1.10　绘图仪

一套完整的绘图仪包括上、中、短一系列圆规、弹簧分规、圆规加长杆、针脚、铅芯脚，是画圆、等分线段的常用工具，如图2.10所示。

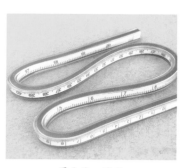
图 2.8　蛇尺

图 2.9　游标卡尺

图 2.10　绘图仪

2.2　切割工具

　　裁剪、切割贯穿着模型制作过程的始终,正确选择和使用切割工具能减少不必要的制作失误和材料损耗。常用的裁剪、切割工具有以下几种。

2.2.1　勾刀

　　勾刀(图 2.11)是切割玻璃、防火板、塑料类板材的专用工具,因其刀片呈回钩形而得名。在制作模型时,勾刀主要用来切割有机玻璃和各种塑料板材。

2.2.2　美工刀

　　美工刀(图 2.12)在使用中可以根据需要随时改变刀刃的长度,可用来切割卡纸、吹塑纸、发泡塑料、各种装饰纸和各种薄型板材等。

2.2.3　手术刀

　　手术刀(图 2.13)是用于模型制作的一种主要切割工具,常用于不同材质的切割和细部处理。手术刀刀刃锋利,广泛用于即时贴、卡纸、发泡板、ABS 板等。

图 2.11　勾刀

图 2.12　美工刀

图 2.13　手术刀

2.2.4　剪刀

剪刀(图2.14)是剪裁各种材料的必备工具,一般需大、小各一把。不可以使用白铁剪来剪金属线,因为这样会使白铁剪有小缺口,之后将无法完成干净利落的切割。

2.2.5　切圆刀

切圆刀(图2.15)又称画圆刀,是一种便利、精准的切割圆的工具,通常加工直径1～15 cm的圆环、圆形十分适用。使用圆形切割器最好配合切割垫使用,保护刀片的同时也可以稳定中心点,这样切割出来的圆形非常标准。

2.2.6　手锯

手锯(图2.16)俗称刀锯,是切割木质材料的专用工具。此种手锯的锯片长度、锯齿的粗细程度不同,可以依据材料的不同自由选取和更换。

图2.14　剪刀　　　　　　图2.15　切圆刀　　　　　　图2.16　手锯

2.2.7　钢锯

钢锯(图2.17)适用范围较广,锯齿粗细适中,细锯条在使用中可任意转向,切割速度快,使用方便。可以切割木质类、塑料类及金属类等多种材料。

2.2.8　拉花锯

拉花锯(图2.18)又叫钢丝锯,可以切割各类软金属、薄木材、塑料及橡胶等小物件。

2.2.9　电动手锯

电动手锯又叫角磨机,是切割多种材质的电动工具。该锯适用范围较广,使用中可任意转向,切割速度快,是较为理想的电动切割工具,如图2.19所示。

图 2.17　钢锯

图 2.18　拉花锯

图 2.19　电动手锯

2.2.10　电动曲线锯

电动曲线锯(图 2.20)是可按曲线进行锯切的一种电动锯。适用于木质类、橡胶类和塑料类材料切割。这种锯使用时可以根据需要更换不同规格的锯条,加工精度较高,能切割直线、曲线及各种图形。

2.2.11　电热切割器

电热切割器(图 2.21)主要用于聚苯乙烯类材料的加工。它可以根据制作需要进行直线、曲线、圆及建筑立面细部的切割。电热切割器操作简便,是制作聚苯乙烯类模型必备的切割工具。

2.2.12　电脑雕刻机

电脑雕刻机(图 2.22)是制作建筑模型的专用设备。它与计算机联机,可以直接将建筑模型立面及部分的三维构件一次性雕刻成型,是目前建筑模型制作最先进的设备。但由于价格很高,所以较难普及。

图 2.20　电动曲线锯

图 2.21　电热切割器

图 2.22　电脑雕刻机

2.3　钻孔工具

2.3.1　小型钻孔机

小型钻孔机(图 2.23)使用灵活、携带方便,安装电池即可使用。可以用于拧螺丝、卸螺丝,给木材、塑料、金属等材质钻孔。

2.3.2　手摇钻

　　手摇钻(图2.24)是一种常用钻孔工具,在脆性材料上使用效果较好。它造价低,使用不受电的限制,但手工操作效率较低。

2.4　打磨工具

　　在模型制作过程中,打磨是不可缺少的重要环节。模型材料按照图纸切割以后,材料的切口在多数情况下并不光滑、规则,不利于后期模型粘接工作的进行,也直接影响到模型最终完成效果的精美性。以下简要介绍常用的打磨工具。

2.4.1　砂纸

　　砂纸分为木砂纸和水砂纸两种,用于木材表面的抛光打磨。根据砂粒目数,分为粗细多种规格的粗糙程度。使用简便、经济,可以适用于多种材质以及不同形式的打磨,如图2.25所示。

图2.23　小型钻孔机

图2.24　手摇钻

图2.25　砂纸

2.4.2　锉刀

　　锉刀(图2.26)主要用于模型材料的切口打磨。锉刀种类很多,常用的有圆锉、平锉、三角锉。圆锉主要用于曲线切口和圆孔的内边打磨,平锉主要用于直线切口打磨,三角锉则主要用于打磨内角的内边。

2.4.3　木工刨

　　木工刨(图2.27)主要用于木质材料平面和直线的切削、打磨。它可以通过调整刨刃露出的大小改变切削和打磨量,是一种用途较为广泛的打磨工具。一般常用规格为40 cm、35 cm、28 cm、18 cm。

2.4.4　砂纸机

砂纸机(图 2.28)是一种电动打磨工具,主要适用于材料平面的打磨和抛光。该机打磨面宽,操作简便,打磨速度快,效果较好,是一种较为理想的电动打磨工具。有的砂纸机功能较多,还能多个相交面加工,其缺点是需要专用的砂纸带。

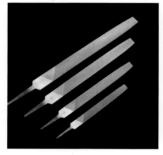

图 2.26　锉刀

图 2.27　木工刨

图 2.28　砂纸机

2.4.5　小型台式砂轮机

小型台式砂轮机(图 2.29)主要用于多种材料的打磨。该轮机体积小、噪声小、转速快,并可以无级变速,加工精度较高,还可以连接软轴安装异型打磨刀具,进行各种局部的打磨和雕刻,是一种较为理想的电动打磨工具。

2.4.6　宽带砂光机

宽带砂光机(图 2.30)可对 UV 漆、PU 漆进行底漆砂光、抛光,是木地板、家具油漆处理的理想设备。

2.5　喷　笔

喷笔(图 2.31)可用于喷绘各种色彩,绘制喷笔画。其绘制的图样色彩均匀、过渡自然。喷笔一般配合小型气泵一起使用。

图 2.29　小型台式砂轮机

图 2.30　宽带砂光机

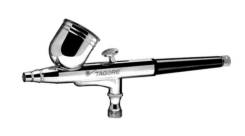

图 2.31　喷笔

课后思考

1. 常用的模型制作工具有哪些?
2. 操作危险工具时注意事项有哪些?

项目训练

实训项目

电动模型工具操作训练。

实训目的

学会规范、安全、熟练地操作电动模型工具。

实训指导

(1)认识、了解并掌握电锯、砂轮机、钻孔机等常用电动模型工具。
(2)使用上述工具,以 3~5 人为一组,加工木板材料,制作模型底板。

实训成果提交

制作一个木板材质的模型底板,大小为 100 cm×120 cm×3 cm,制作好以备用。

3 模型的制作材料

【学习目标】

熟悉制作模型的材料种类,掌握各类模型制作材料的特性及表现效果。

材料是模型构成的重要因素,它决定了模型的表面形态和立体形态。模型材料由过去单一的板材,发展到点、线、面、块等多种形态的基本材料。随着制作表现手法多样化和制作者对模型制作认识的理解越来越深入,很多常见的材料和生活中的废弃物也被用于模型制作的辅助材料。

模型制作者在制作模型时,要根据模型制作方案合理地选用模型材料。下面将市场上常见的材料及特性进行举例分析,以便模型制作者对各种材料的基本特性及适用范围有所了解,在制作时能以此作参考。

3.1 纸质材料

纸质材料在市场上流行的种类较多,适用范围广,规格、色彩多样,易折叠、切割,加工方便,成为模型形体表现中采用最为广泛的一种材料。但该材料由于自身物理特性较差,强度低,吸湿性强,易受潮变形,不宜长时间保存,因此通常用于概念模型或结构模型中。

3.1.1 卡纸

卡纸(图 3.1)是一种硬度较高且较厚的纸质,一般厚度为 1.5 mm。它因为成本低、易加工、色彩多、质感较好,被广泛用于制作构思模型和简易模型。

3.1.2　瓦楞纸

瓦楞纸(图3.2)是由外纸、里纸、芯纸和加工成波形瓦楞的纸张黏合而成的,可以加工成一层、三层、五层、七层、十一层等。瓦楞纸的楞形形状主要分为 V 形、U 形和 UV 形三种,它的波浪越小、越细,就越坚固。在模型中,可以运用瓦楞纸独特的装饰肌理和颜色制作出逼真的建筑屋面。对制作地形模型而言,瓦楞纸是一种很好的材料。

3.1.3　模型纸板

模型纸板(图3.3)的规格通常可以分为厚度 1 mm、2 mm 的白色纸板和 4 mm 的灰色粗糙纸板。由于该材料柔韧性适中,具有较好的刚性和恰当的厚度,在制作过程中充当模型的外墙和地面以及中间的支撑体。

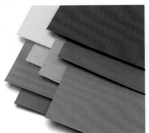

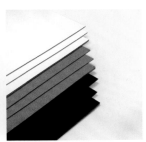

图3.1　卡纸　　　　　　　图3.2　瓦楞纸　　　　　　　图3.3　模型纸板

3.1.4　各种装饰纸

1)吹塑纸

吹塑纸(图3.4)一般用来制作屋顶、路面、山地、海拔的等高线和墙壁贴饰等。在制作时,要根据吹塑纸的颜色和表面纹理,选择不同的工具制作。

2)仿真纸

仿真纸(图3.5)是一种仿石材、木纹和各种墙面、屋顶的半成品纸张。这类纸张使用简单,在制作模型时极易呈现其效果。但在选用时,应特别注意模型的比例大小,否则将弄巧成拙。

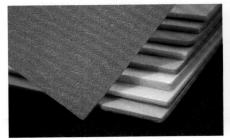

图3.4　吹塑纸　　　　　　图3.5　仿真纸　　　　　　图3.6　涤纶纸

3）涤纶纸

涤纶纸（图3.6）一般用于建筑模型的窗户、环境中的水池水景、河流湖泊等仿真装饰。

4）锡箔纸

锡箔纸（图3.7）是一种用于建筑模型中的仿金属构件等的装饰纸。

5）即时贴

即时贴（图3.8）的品种、色彩、规格都十分丰富，主要用于制作道路、水面、绿化及建筑主体的局部。该材料单面覆胶，裁剪方便。

6）绒纸

绒纸（图3.9）是用于制作草地、草坪、球场、地毯和底盘台面等有毛绒质感的一种专用材料。该材料质感较好，颜色多样，价格低廉。

图3.7　锡箔纸

图3.8　即时贴

图3.9　绒纸

7）海绒纸

海绒纸（图3.10）也称泡沫纸。该材料的优点是应用范围广、色彩多样、易裁剪、表现方式不同，缺点是容易受潮变形、强度低、难于修整。

图3.10　海绒纸

3.2　模型棒材

模型常用棒材主要有圆木棒、桐木条、雪糕棒、ABS（圆棒、空心管、方管）、松木条等。

3.2.1　圆木棒

圆木棒（图3.11）表面光滑、笔直，有多种颜色和规格。圆木棒为自然实木质地，质量很轻，特别适合制作模型中受力不太大的地方。

3.2.2　桐木条

桐木条（图3.12）是一种带绢丝光亮、优美、细腻的纹理木质材料。该材料自然图案好看，性价比较高，可用于制作花架、柱子、楼梯扶手等。

3.2.3 雪糕棒

雪糕棒(图3.13)是采用桦木加工而成,表面平滑、靓白、易粘,种类多样,木材硬度适中,不易变形裂开,在制作花架、亭子、建筑小品等时常用。

图3.11　圆木棒　　　　　　　　图3.12　桐木条　　　　　　　　图3.13　雪糕棒

3.2.4 ABS

ABS(圆棒、空心管、方管)如图3.14所示。该材料具有良好的硬度和强度,可加热弯曲,可塑性好,一般用于建筑物某一局部的制作。

3.2.5 松木条

松木条(图3.15)的硬度大,持久耐磨,一般用于网架、柱子等建筑构建物。

图3.14　ABS　　　　　　　　　　　图3.15　松木条

3.3 模型板材

模型常用板材有PVC发泡板、ABS板、KT板、胶合板、椴木板、轻木板、有机玻璃板、刨花板、EVA片材、聚苯乙烯板等。

3.3.1 PVC发泡板

PVC发泡板(图3.16)也称雪弗板,厚度一般为2~15 mm,颜色为白色和黑色。该材料可与木材一较高下,且可锯、

图3.16　PVC发泡板

可刨、可钉、可粘,还具有不易变形、不开裂等性能,广泛用于建筑墙体的制作。

3.3.2 ABS板

ABS板(图3.17)是一种新兴材料,一般有黑、白两种颜色,厚度为2~10 mm。该材料具有极好的冲击强度,易加工,易着色,板材经划、切割后直接粘制成型,也可以用于热压塑制成型,叠加粘成块材后进行加工。

市场上还有1:100、1:150、1:200不同比例的ABS仿真瓦片板(图3.18)和ABS方格板(图3.19),可用来制作模型屋顶和地面铺装。

 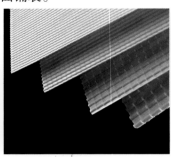 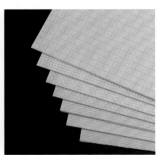

图3.17 ABS板   图3.18 ABS仿真瓦片板   图3.19 ABS方格板

3.3.3 KT板

KT板(图3.20)是将PS颗粒进行发泡生成板芯,再经过表面覆膜压合而成的材料。该材料板体轻、颜色多样、易加工、易弯曲、易成型,并可以直接在板上丝网印刷、油漆、裱覆背胶画面及喷绘,是制作模型底板、墙体、建筑结构的重要材料。

3.3.4 胶合板

胶合板(图3.21)由多种单板胶合而成。常用的胶合板有三层、五层、七层等,特点是变形小、表面平整光洁、木纹美观、幅面大、强度较高,规格为2 440 mm×1 220 mm。

图3.20 KT板   图3.21 胶合板   图3.22 椴木板

3.3.5 椴木板

椴木板（图3.22）木质结构均匀紧密，木性温和，且不易开裂，硬度适中易于加工。该材料适用范围广，可以制作建筑体、地形等。

3.3.6 轻木板

轻木（图3.23）又称飞机木，因其质地较软、易上色、价格实惠，经常被用于模型制作。该材料优点是纹理多样，加工方便，表现力强。材料缺点是容易受潮，不易保存。

3.3.7 有机玻璃板

有机玻璃板（图3.24）质地较硬，强度较高，加工较困难，但易于粘结，有透明、半透明、不透明、磨砂和有色几类。由于该材料物理特性不适合制作形态复杂、有较多曲面的模型，因此通常用于制作透明建筑的主体部分、玻璃窗等。

图3.23　轻木板　　　　　　　图3.24　有机玻璃板

3.3.8 刨花板

刨花板（图3.25）又称微粒板，由木材或其他木质纤维素材料制成碎料，施加胶黏剂后在热力和压力作用下胶合而成。该材料结构比较均匀，加工性能好，吸音隔音效果好，但边缘粗糙容易吸湿。

3.3.9 EVA 片材

EVA 片材（图3.26）耐水性良好，韧性强，且容易弯曲造型，常用于做山体、地形。

3.3.10　聚苯乙烯板

聚苯乙烯板(图3.27)通常作为包装材料使用,现在高校学生、设计院的设计师常用它制作研究性建筑模型及地形模型。这种材料的性质决定了它仅适用于做一些体块型的、粗略的建筑模型以及地形地貌等。

图3.25　刨花板　　　　　图3.26　EVA片材　　　　　图3.27　聚苯乙烯板

3.4　辅材类

辅材是制作模型主体以外的材料和加工制作过程中使用的粘接剂。辅材不但有效地增强了模型的表现力,也使模型制作更加系统化和专业化。下面介绍一些常用辅材,主要有石膏、纸粘土、绿地粉、树粉、仿真草皮、沙石、金属线材、水景膏、型材、腻子粉等。

3.4.1　石膏

石膏(图3.28)是一种适用范围较广泛的材料。该材料为白色粉末状,加水后干燥成固体,质地较轻而硬。常用此材料塑造成各种造型,有时也可以与其他材料混合使用,还可以用模具灌制批量生产,制作方法简单,但该材料产品易破损、开裂。

3.4.2　纸粘土

纸粘土(图3.29)是一种制作模型和配景环境的材料。该材料可塑性强、便于修改、干燥后较轻、色彩丰富艳丽,可自由揉捏、随意创作,也可以与木头、金属片、亮片、玻璃等材质结合使用,在24~48小时内可自然风干,且有弹性、不碎裂,可以永久保存。

3.4.3　绿地粉

绿地粉(图3.30)主要用于山地绿化的制作。该材料为绒毛状,色彩种类较多,通过调混可以制作出多种绿化效果,是目前绿地环境模型制作最常用的基本材料。

图3.28 石膏

图3.29 纸黏土

图3.30 绿地粉

3.4.4 树粉

树粉(图3.31)大多以碎海绵为原料,有各种颜色选择,主要用于树叶的制作。

3.4.5 仿真草皮

仿真草皮(图3.32)是用于制作模型绿地的一种常用材料。该材料质感好,仿真程度高,颜色逼真,使用简便。

图3.31 树粉

图3.32 仿真草皮

3.4.6 模型沙石

模型沙石是用于模型造景铺沙、沙滩和铺装的一种常用材料。该材料成颗粒状,细软均匀,有不同颜色和大小型号可选择,如图3.33、图3.34所示。

图3.33 模型沙

图3.34 石子

图3.35 铁丝

3.4.7　金属线材

金属线材一般用于建筑物某一局部的制作,如网架、树枝等。该材料(如铁丝)表面光滑、易折、易造型,有粗细多种规格可以选择,如图3.35所示。

3.4.8　水景膏

水景膏(图3.36)是一种乳白色的膏状体。该材料无毒无味,一般用于制作仿真水纹、浪花、瀑布、喷泉等,可以做出层次丰富、动感逼真的水面效果。

3.4.9　型材

成品型材主要包括人物、植物、汽车、围栏、门窗、景桥、路灯等,主要用于建筑模型配景的制作,如图3.37至图3.41所示。

图3.36　水景膏

图3.37　人物

图3.38　彩色小车

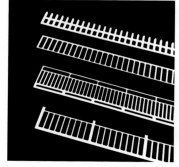

图3.39　围栏

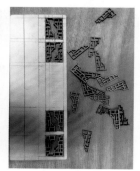

图3.40　窗花

图3.41　金属路灯

3.4.10　腻子粉

腻子粉是在模型制作后期用于修整模型不平整表面的一种常用材料。该材料灰质细腻、无砂眼、无气孔,干燥后坚硬易磨。腻子刮涂以薄刮为主,每刮涂一层待干,用砂纸打磨后再刮涂第二层,再打磨,直至模型表面平整。

3.5　黏合剂

黏合剂在模型制作中有着重要作用,因为模型制作是靠黏合剂把多个元素连接组合而成的三维模型形态,所以需要对它们的性状、适用范围、强度等特性有深入的了解和认识,以便在模型制作中合理使用。

3.5.1　纸类黏合剂

1)白乳胶

白乳胶(图3.42)是一种乳白色黏稠液体。它干固较慢,黏结强度较高,使用白乳胶黏结木材时,需要按压固定5~10分钟。常用于大面积黏合木料、墙纸、草坪等。

2)模型胶水

模型胶水(图3.43)为水质透明液体。该材料适用于PVC、ABS等板材的黏结,将胶水刷涂于物体双面,干固较快。

3)双面胶

双面胶(图3.44)为带状黏合材料,胶带宽度不等,胶体上附着在带基上。该材料使用便捷,黏结平整,不易起翘。但双面胶、透明胶、即时贴等不干胶的黏结性能不佳,一般只做纸材黏结的辅助材料,并且只能用于内部夹层中,不宜作为主要黏胶剂使用。

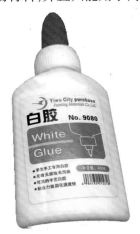　　　　

图3.42　白乳胶　　　　图3.43　模型胶水　　　　图3.44　双面胶

4)喷胶

喷胶(图3.45)为罐装无色透明胶体,该胶可适用于纸张、金属、箔片、布料、发泡棉及软木等材料的黏合。在黏合时,需先摇一摇,再将喷头对准距离物体15 cm高度处均匀喷洒在物体表面,等待15秒后即可覆贴。

3.5.2 塑料黏合剂

1）502 胶

502 胶（图 3.46）又称快干胶，为无色透明液体。该胶黏性极强，是一种瞬间强力粘接剂，对皮肤有腐蚀性，使用前可以在手上先涂抹一层较厚护手霜。它主要用于各种塑料、橡胶、玻璃、金属等材料的黏结。

图 3.45　喷胶　　　　　　　　　　图 3.46　502 胶

2）UHU 胶

UHU 胶（图 3.47）为无色透明液状黏稠体。该胶适用范围广泛，干燥速度快，黏结处无明显胶痕，易保存，是一种较为理想的材料。

3）热熔胶

热熔胶（图 3.48）为乳白色棒状。该胶需要使用热熔枪加热，将胶棒熔解在黏结缝上，黏结速度快、强度高、无毒、无味。

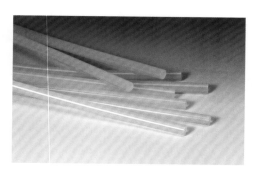

图 3.47　UHU 胶　　　　　　　　　图 3.48　热熔胶

课后思考

1. 常用模型制作材料有哪些?
2. 不同模型在材料选择上的区别是什么?
3. 如何在模型制作过程中将废旧材料进行创作?

项目训练

实训项目

黏合剂使用训练。

实训目的

学会使用不同黏合剂粘黏不同特性的材料。

实训指导

(1)认识、了解并掌握各类型黏合剂。
(2)使用不同类型黏合剂粘黏纸质、木材、金属和有机玻璃板等材料。

实训成果提交

分别使用纸质、木材、金属和有机玻璃板等材料,制作 L 型墙面,大小为 30 cm×30 cm。

4 模型设计与制作流程

【学习目标】

  了解室内外模型的设计和制作过程,为后期的模型制作打下基础。

4.1 模 型 设 计

  模型设计的制作程序并不是固定不变的,不同的模型在制作方法和流程上也会有所不同,模型设计师应根据客户需求选择不同的比例、材质、颜色,设计出不同风格、造型的三维实体模型,如图 4.1 所示。

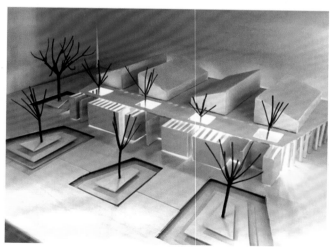

图 4.1 模型设计

4.1.1   比例的设计构思

模型制作首先要熟悉图纸,明确任务,充分考虑模型制作的标准、规格、功能、比例、材料及色彩等问题。

比例一般是根据使用目的来确定的,例如室内模型常用的比例为 1:25、1:50、1:100;单体建筑物常用的比例为 1:50、1:100、1:150、1:200;组合建筑物、广场常用比例为 1:200、1:300、1:400;住宅小区、园林、城市规划类的模型因面积较大,运用的比例为 1:3 000、1:4 000、1:5 000等。

4.1.2   整体结构的设计构思

在模型制作过程中,往往会出现模型与实际物体的误差、不协调等问题,需要模型制作者具有一定的审美、建筑知识与整体把控能力,模型制作初期就应适当对设计图纸进行更改,主要以建筑单体、周边环境的协调性、室内家具模型为主。

4.1.3   材料与工具的设计构思

在选取材料前,需要充分分析材料的物理特性、化学特性、质感、色彩搭配关系、肌理、纹理、经济性等方面能否表达出模型要达到的整体效果,在材料加工过程中是否能方便加工和美观等。

选择材料除了要注意价格、材料档次以外,更重要的是要选用合理的材料,秉承可持续发展的绿色环保理念。设计师应尽可能多选择生活中、工厂里大量存在而没有得到充分利用的废旧材料,在模型设计制作中实现资源的循环再生利用,选择出适用的模型制作材料种类,如图 4.2 所示。

一般情况下,制作古建筑模型较多采用木质、竹质、藤条等自然材料为主的材料;制作现代建筑模型较多采用硬质类材料,如 PVC 板、ABS 板、有机玻璃板、木质板等,因为这些材料质地硬而挺括,有利于建筑模型细部的表现和刻画,经过加工制作,可以达到极高的仿真程度,特别适合现代建筑的表现。

图 4.2   选择废旧材料

根据材料选择合适的制作工具,如果选择不当将无法对材料进行切割、打磨、粘贴,并耽误工期、浪费材料,无法达到预期的设计效果。

图 4.3　色彩搭配

4.1.4　色彩运用的设计构思

　　在材料色彩的选择方面,设计师应在模拟真实环境的基础上,考虑色彩构成原理、色彩产生的视觉感受、色彩的功能、色彩对比与调和以及色彩设计的运用,发挥出造型艺术和色彩艺术的魅力。除材料本身颜色选择外,还可以运用丙烯颜料、喷漆、油漆等涂饰材料对模型表面进行处理,达到预期效果,如图 4.3 所示。

4.2　制作流程

4.2.1　确认任务、拟订方案

　　接受任务时,应与甲方进行充分沟通,要明确所做模型的制作标准、比例、规格、功能和其他特殊要求,然后根据实际情况进行方案拟订,制作详细的工作进度表,以确保工作效率。

　　不同模型所考虑的构思方向有所不同,但主要还是运用不同的材质及其特性,从结构处理、材料表达、底盘设计、环境布局、灯光布局、整体调整和经费预算等方面进行制定。

4.2.2　绘制模型施工图纸

　　①根据设计构思,用手绘效果图表现确定设计方案,如图 4.4 所示。

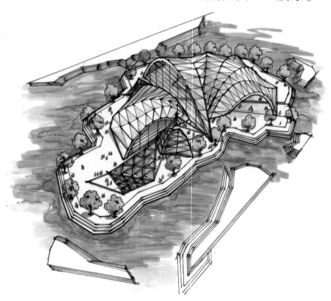

图 4.4　设计手绘效果图

②将设计的平面图按照确定的比例用丁字尺、铅笔或针管笔等直接描绘在模型基座上。

③利用 Auto CAD 软件绘制相对应的平面图及立面图,如图 4.5 所示。

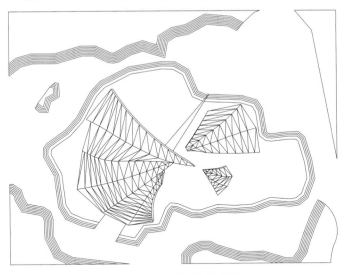

图 4.5 Auto CAD 软件效果图

④用 SketchUP 软件将主体建筑物、周边环境进行建模,做出模型三维效果图,如图 4.6 所示。

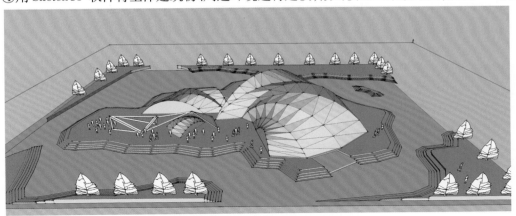

图 4.6 SketchUP 软件效果图

4.2.3 画线

首先按确定的比例将所绘制的 CAD 平面图打印成图纸,然后进行画线。画线方法有很多:可以在材料上垫上复印纸,将 CAD 平面图打印成模型底板大小的图纸,并固定在基座上,描绘出切割线;可以按照设计图纸的数据在材料板上用铅笔和比例尺画线绘制;还可以采用刻印或拓印等方式,如图 4.7 所示。这些方法在图纸画线前都需要计算好材料的用量,这样能更好地节省材料。

图 4.7 画线

4.2.4　切割材料

图 4.8　切割材料

切割时先将整体部件、大型部件进行切割,尽量减少误差,避免多切或少切。在软、薄的材料上,例如 ABS 板、KT 板、硬纸板、薄的椴木板,主体部件切割时一般采用美工刀直接切割成型。在硬、厚的材料上切割时,例如 PVC 板、刨花板、有机玻璃板、厚木板、塑料类、金属类等材料,可以选择勾刀或者拉花锯、钢锯、电动手锯等多种工具,如图 4.8 所示。

切割操作时仍需要使用尺子作参照物,刀片倾斜于板面30°,匀速切割,中途不宜停顿,防止切面产生顿挫。当型材被切割成半断半连续状时,不能强行将其掰开,以免造成破损。一次切割的长度不宜过长,如需加工 400 mm 以上型材时,需两个人配合,一个人双手固定丁字尺,另一个人持大材质刀裁切。

4.2.5　编码排列材料

将切割好的材料进行编码和排列,以方便在制作时快速找出相对应的板材进行粘贴,如图4.9、图 4.10 所示。编码符号应用铅笔编写或写在可以撕掉的材料保护膜上,也可写在建筑物内部看不见的地方,以确保模型的美观性。

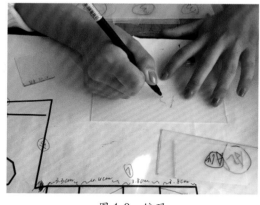

图 4.9　编码

图 4.10　排列

4.2.6　材料抛光打磨

打磨时应从整体把握模型的尺度、精度,做到心中有数,用力需均匀、频率要高、要细致、边要齐、缝角要平、弧线要流畅。先用粗磨砂纸将材料打磨平整,再用细磨砂纸进行抛光,如图4.11 所示。

较厚的板材拼接面处应将板材切割面打磨成45°斜面,以免粘贴时出现尺寸误差。如果是较狭小的地方,还可以用打磨棒深入到缝隙进行打磨,如图 4.12 所示。

图 4.11　打磨材料

图 4.12　缝隙打磨

4.2.7　材料开槽钻孔

　　开槽是指在模型材料的外表开设凹槽,它能辅助模型安装或能起到装饰效果。槽口的开设形式一般有 V 形、方形、半圆形、不规则形四种。

　　钻孔是根据模型设计制作的需要,在材料上开设孔洞的加工工艺。孔洞的形态主要有圆形、方形和多边形三种。钻出的孔洞可以用作穿插杆件或构造连接,也可用作外部门窗装饰、植树孔、透光孔等,如图 4.13 所示。根据孔的大小,可以使用针、锥、圆规或钻孔机等对材料进行钻孔。

4.2.8　材料清理

　　将材料表面上的线条、记号以及污迹等用橡皮擦、酒精进行擦除清理,保持材料的干净整洁,避免黏结表面存留油污、胶水、灰尘、粉末等污渍,使黏结不牢固,如图 4.14 所示。

图 4.13　材料钻孔

图 4.14　清理材料

4.2.9　部件黏结

　　将所切割打磨平整后的各个主要墙面相互黏结,如图 4.15 所示。再对次要墙面及其他单

图 4.15　胶粘

体部件一次粘贴,如图 4.16、图 4.17 所示。黏结是模型制作中最常用的连接方式,需根据不同材料特性选择适当的黏结剂。例如,透明强力胶可以黏结纸材、塑料板;白乳胶可以黏结木材和各种纸质板材;硅酮玻璃胶可以黏结玻璃或有机玻璃板;502、热熔胶、hart 胶可以黏结金属、皮革、刨花板等材料。无论选择何种黏结剂,每次涂抹量要以完全覆盖被黏结面为宜,过多过少或不均匀都会影响黏结效果。黏结后要保持定型 3 ~ 5 分钟,待黏结面完全干燥后方可作进一步加工。黏结完成后不要将物件强制分开,这样会破坏型材表面的装饰层,因此,黏结前一定要对构造连接形式进行充分考虑,务必一次成型。

图 4.16　胶粘效果

图 4.17　粘贴构建物

课后思考

1. 讨论室内外模型更新颖、更快捷的制作方法。
2. 模型设计构思包括哪几个部分?
3. 讨论模型设计对模型制作的重要性。

项目训练

实训项目

室内外模型艺术赏析。

实训目的

了解不同类型模型的制作步骤和制作方法。

实训指导

（1）通过大量优秀的模型图片，了解多样化的模型制作风格，展开课堂讨论。

（2）参观商业模型制作公司的工厂和产品。

实训成果提交

以个人为单位，总结和撰写学习心得体会报告，并打印提交。

5 室内模型制作实训

【学习目标】

通过具体的室内模型制作实训,学习运用综合材料设计制作各种实体模型,了解常用材料及加工工具,熟练掌握模型设计制作的程序及制作工艺,加深对空间概念的理解,提高模型制作的水平。

5.1 室内设计模型前期准备

5.1.1 室内模型制作准备工作

制作室内模型首先要明确任务、做好准备,这是模型制作顺利的良好开端和可靠保证。准备工作大致分为以下几个阶段。

1)明确任务,熟悉图纸

在接到制作任务时,首先要明确室内模型的制作标准、规格、比例、功能、材料、时间和客户的特殊要求等重要问题。了解情况后进入阅读和熟悉图纸的环节。

2)构思设计,拟订方案

所谓构思设计,就是根据制作任务的具体情况进行构思,拟订出有目的的、系统的和可行的制作方案。构思的内容包括室内空间形态与结构的处理、材料的选用、底盘的设计、台面的布置、环境的设计、色彩的搭配、面罩的制作、运输和陈列、附加功能设计、成本核算、时间安排等问题,如图5.1、图5.2所示。必要时还可以根据客户的要求,书面写出室内模型制作方案,让客户进行比较选择,最终确定一个较为理想的方案。方案确定后,可以着手制定一份完成工程制作的工作安排进度表,以确保工作效率。

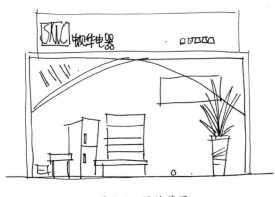

图 5.1　设计草图

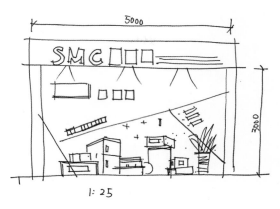

图 5.2　完善设计方案

3）准备工具，采购材料

要达到设计制作方案的预期效果，必须选择合适的工具材料来制作模型。用材不当或是工具不妥，即使构思很好，也无法达到理想的效果。选择工具材料应考虑以下几点。

（1）加工性　选择材料的同时，应了解其加工的手段、成型的方式以及材料加工时容易出现的缺陷。比如，纸类材料裱糊时容易出现褶皱、收缩，有机玻璃切割时容易断裂等问题。

（2）物理、化学性　考虑材料的质地、重量、熔点、热膨胀性、导电导热性、透明度、化学反应、耐腐蚀性和稳定性等问题。这些都可能会对模型的质量、保存期以及安全性有很大的影响。

（3）外观性　包括颜色、肌理、手感、光泽等，对满足客户心理需求方面的影响巨大。材料的外观性要靠自身的完善来体现，外观性不足时也可以通过镀膜、贴面、涂层和裱糊等表面处理方式来改善。

（4）机械性　考虑材料的强度、刚度、硬度、韧性和脆性情况，一般来说硬质材料脆性较强，硬度低的材料韧性较好。如果做面罩的有机玻璃，宜选用硬体材料，以提高其弹性和抗弯性。

（5）经济性　在准备工具和选择材料时，经济因素也是不得不考虑的。但除了注意价格档次外，选材也要合理得体，不要一味追求高价高档。一方面要注意开发新材料，另一方面也要注意利用废旧和廉价材料。

5.1.2　室内模型的设计方法

室内模型制作的设计方法包括比例的设计构思、形体的设计构思、材料的设计构思和色彩与表面处理的设计构思四部分内容。

1）比例的设计构思

模型比例一般根据橱窗模型的使用目的及模型可占用的体积来确定。比如 1∶25、1∶50、1∶100 等。

2）形体的设计构思

真实的室内模型缩小后，会在视觉上与本体产生一定的误差。一般来说，采用较小的比例制作而成的单体模型，在组合时往往会有不协调之处，应适当地进行调整，如图 5.3 所示。

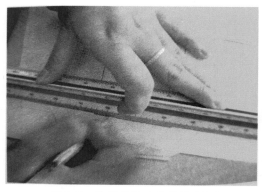

图 5.3　比例缩放时需要精准把握

3）材料的设计构思

在制作室内模型之前,制作者要选好相应的材料。也就是说,制作者应根据室内设计的特点,选择能够仿真的材料。当然,材料的选择,既要在色彩、质感、肌理等方面能够表现室内设计的真实感和整体感,又要具备加工方便、易于艺术处理的品质。

4）色彩与表面处理的设计构思

色彩与表面处理是室内模型制作的重要内容之一。

色彩的表现是在模拟真实室内的基础上,注意视觉艺术的运用,注意色彩构成的原理、色彩的功能、色彩对比与调和以及色彩设计的应用。如果要表达出室内模型的外观色彩和质感,需要进行外表的涂饰处理。对室内模型进行涂饰,不仅要掌握一般的涂饰材料和涂饰工艺知识,更主要的是应了解和熟悉各种涂饰材料及涂饰工艺所产生的效果。

从经济和实用的角度来看,模型的涂饰只要在视觉效果上近似于真实室内就算达到了目的。对室内模型进行表面处理的材料包括各种绘画颜料和装饰纸等。

5.1.3　切割材料的工具及切割技术

1）用美工钩刀切割材料

美工钩刀是切割有机玻璃板、ABS 工程塑料板和其他塑料板材的主要工具。美工钩刀的使用方法是在材料上画好线,用尺子护住要留下的材料的一侧,用手扶住尺子,右手握住钩刀的把柄,将刀尖轻刻切割线的起点,然后力度适中地用刀尖往后拉,反复几次,直至切割到材料厚度的三分之一左右再折断。每次钩的深度为 0.3 mm 左右,如图 5.4、图 5.5 所示。

图 5.4　美工刀切割有机玻璃板

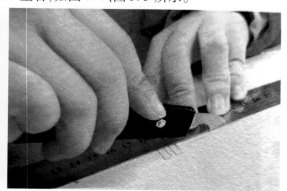

图 5.5　钩刀切割 ABS 板

2）用双面刀片切割材料

双面刀片的刃最薄也最锋利,既安全又灵活,是切割一些要求切工精细的薄型材料(如各种装饰纸等)的最佳工具。但是,由于双面刀片难以操作,可在使用前用剪刀将刀片剪成小片,再用薄木板或塑料板做个夹柄,将刀片镶好后再使用。

3)用鼓风电热恒温干燥烘箱加工异形部件

鼓风电热恒温干燥烘箱的规格、型号和温度有多种,可用于烘软比较大的材料。制作模型时常用的型号是 SC101-2,温度在 150~500 ℃可调;电源使用电压为 220 V 的交流电;工作空间的尺寸是 45 cm×55 cm。在用塑料制作建筑模型时,经常要将材料弯成曲面的形状,此时可采用这种干燥烘箱。使用时,将恒温干燥烘箱的电源接通,打开开关,根据不同塑料进行温度定位后,再将截好的塑料放进恒温干燥烘箱,把保温门关紧,待塑料烘软后,迅速将其放置在所需弧形模具上碾压,直至冷却定型。

4)用钢丝锯加工异形部件

钢丝锯有金属架和竹弓架两种,是在各种板材上任意锯割弧形的工具。制作竹弓架时,需选用厚度适中的竹板,在竹板的两端钉上小钉,然后将小钉弯折成小钩,再在一端装上松紧旋钮,将锯丝两头的眼挂在竹板的两端,完成后即可使用,如图 5.6 所示。使用时,首先将要锯割的材料上所画的弧线内侧用钻头钻出洞,再将锯丝的一头穿过洞挂在另一端的小钉上,在距离所画弧线内侧1 mm 左右处进行锯割,方向是斜上或斜下。

图 5.6 线锯机是模型制作中的常用工具

5)用电热丝切割较厚的软质材料

电热丝一般可用来切割聚苯泡沫塑料、吹塑或弯折塑料等。电热丝由电源变压器、电热丝、电热丝支架、台板、刻度尺等组成,一般可自制。切割时打开电源,指示灯亮,电热丝(扬琴弦)发热,将欲切割的材料靠近电热丝并向前推进,材料即被割开。

6)用电动圆片齿轮锯割机切割较厚的硬制材料

电动圆片齿轮锯割机一般是自制的,适用于不同长度有机玻璃的切割,由工作台面、发动机、带轮、齿轮锯割机轮片(图 5.7)、刻度尺和脚踏板组成。在切割前,先让齿轮锯片空转,再将有机玻璃靠向齿轮锯片进行切割。这种工具比较危险,工作前一定要穿好工作服,戴好工作帽。但不能戴手套。在切割时,一定要注意安全操作,最好自制辅助工具以推送材料。

图 5.7 齿轮锯割机轮片常用
于金属材料的切割

图 5.8 钢锯适用于各种材料的切割

7）用钢锯切割金属、木质和塑料板材

　　钢锯适于切割铜、铁、铝、薄木板及塑料板材等。锯材时要注意起锯的好坏,这将直接影响锯口的质量。为了锯口的平整和精确,握锯柄的手指应当挤住锯条的侧面,使锯条保持在正确的位置上,然后起锯。施加压力要轻,往返行程要短,这样就容易准确地起锯。起锯角度稍小于15°,切割过程中逐渐将角度改为水平。快锯断时,用力应轻,以免碰伤手臂,如图5.8所示。

5.2　室内设计模型训练

　　（1）模型案例　两室两厅居室设计模型制作,如图5.9所示。

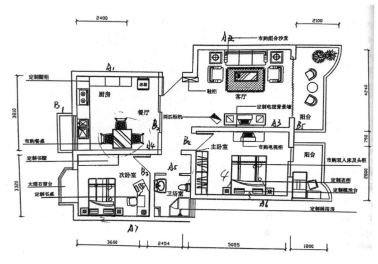

图 5.9　两室两厅平面布局图

　　（2）课题分析　采用现有的室内设计图纸,在适当调整后进行重新绘制,校正后按比例缩微。再行绘图时,要强调平面和立面的对应关系及尺寸的把握。

　　（3）比例与规格　本模型根据居室的实有面积和实际的立体尺寸,确定比例为1:50,规格为 30 cm×50 cm。

　　（4）材料选择　墙体的主体材料选用不透明有机玻璃板,地面选用木纹纸和砖纹纸贴面,家具选用各种相应材料制作,门窗选用 ABS 板,窗玻璃选用透明胶片。

　　（5）工具的选择与使用　本模型较为简单,比例较小,宜选用手工工具进行切割制作。主体墙材料用美工钩刀切割,地面贴纸材料用双面刀片切割,门窗玻璃用美工刀切割。切割完毕,内墙用墙纹纸贴饰,外墙用砖纸贴饰,门窗孔洞先用电钻打孔,再用钢丝锯加工成方孔。之后,先用锉刀打磨修整,再用细砂纸调整,根据黏贴要求,把斜角打磨成45°。打磨结束后,再按立面结构用氯仿进行黏贴,要求细致、干净、牢固。

　　（6）其他部件制作　制作室内绿化时,可根据比例用铁丝制成绿化主干,撒上草粉粒,花盆用泡沫固体剂涂色。床单用布料根据尺寸大小剪成。

　　（7）检验调整　模型全部做好后,要根据图纸进行检验,不符合要求的地方应进行修改调整,直到达到要求为止。检验合格后,用清洁工具进行清理,不允许有加工的碎料、污垢、灰尘等残留其上。

（8）要求进度　1～2课时,熟悉图纸、准备材料。3～8课时,完成材料的基本加工及部件的初胚。9～16课时,完成精细制作和黏贴组装的操作。

5.2.1　黏合工具及黏合技术

大型室内模型的零部件组合需要有一定的黏合工具、材料与技术,如沙盘底座的组合需要铁锤、铁钉、螺丝、电烙铁、电烙刀等,建筑物骨架与墙面的组合需要用各种黏合剂等,如图5.10所示。

打钉的方法有平行钉法与斜钉法。斜钉法比平行钉法更能钉牢木料。圆头钉则多用于沙盘木料框架的制作。在制作沙盘不锈钢支架和面罩时,还要运用电焊技术。焊接过程中需注意,不要出现裂纹、气孔和夹渣。

图5.10　结构能体现模型的感染力,
但对黏接技术来说要求较高

1）模型表面处理的工具与技术

在室内模型制作中,对木料、纸箱、塑料和金属材料的表面必须作适当处理,使之有较整洁、漂亮的外观和真实、舒适的质感,如图5.11至图5.16所示。

图5.11　模型外观的整洁和清洁工具都必不可少

图5.12　模型家具的线条排列能增强室内的空间表达

图5.13　灯光的设置一定要符合具体
空间的使用性质要求

图5.14　模型制作的各种技巧取决于材料特性、
对工具掌握及对模型制作的整体构思

图 5.15 丰富的色彩关系能给模型
带来不一样的感觉

图 5.16 贴面平整与否可以体现出制
作者模型制作工艺水平的高低

2）打磨技术

凡塑胶、木料和金属材料，大都需打磨后表面才会光滑，其主要的打磨工具都是砂纸和打磨机。砂纸分为木砂纸、纱布和水磨砂纸，分别用于木料、金属和塑胶的打磨。打磨机分平板式与转盘式两种。打磨模型工件时可涂少量上光剂（又称擦亮剂），边磨边擦，效果会更好。抹涂擦亮剂（可用牙膏代替）时最好用白布或纱头，打磨时最好用绒布或粗布。对模型工件毛胚的粗加工打磨，也可选用砂轮机，砂轮片的粒度应以 60～150 为宜。

3）喷涂技术

美化模型工件，最简单的方法是在工件表面刷上一层油漆或喷涂一层色料，既美观又有保护工件的效果。如自制绿化树后喷涂绿漆和发胶，自制墙面纸后喷涂多彩墙面，自制屋面彩釉瓦时涂刷手扫漆，自制不锈钢雕塑时涂刷银色漆等。涂刷油漆、色料时，模型工件表面必须是平滑的，如有小孔或缝隙，可先用填塞剂（如猪料灰、油泥等）填平，干固后用砂纸磨平，再行喷涂。喷涂的材料有手扫漆、自喷漆、磁漆、水粉色料等。

4）贴面技术

模型中路面、墙面、屋面，沙盘中的底座、支架的制作，都需用防火胶板、即时贴或有机玻璃作贴面装饰。贴面装饰的主要材料是贴面板（纸）以及黏合剂。贴面技术关键在于两个方面：一是两个贴合面要平滑光洁；二是黏合剂要填涂均匀，使贴面无气泡和气孔。黏贴后要适当压平。

5）清扫工具与技术

（1）吸尘器 模型制作过程中有大量的纸屑、木屑、灰尘等黏在沙盘上，可用吸尘器除去。使用吸尘器前应先清除大的废料，使用时要注意通风和间隔休息，以免烧坏电动机。吸进的尘屑也要及时清倒，使吸尘管保持顺畅。

（2）棉纱或纱头 棉纱或纱头可蘸取酒精、天那水或松节油，用于擦洗模型工件的灰尘和胶痕。

（3）油漆扫或板刷 油漆扫或板刷可用于清扫沙盘中局部的碎屑和灰尘。

（4）冷风机 将电吹风机调至冷风挡，可作为模型制作的冷风机使用，吹走沙盘中的碎屑和灰尘。

5.2.2　具体操作过程

模型制作过程如图 5.17 至图 5.27 所示。

图 5.17　在材料上进行图纸拷贝

图 5.18　按拷贝的图形轮廓
仔细进行雕刻

图 5.19　修整打磨模型构件

图 5.20　构件黏合 1

图 5.21　构件黏合 2

图 5.22　贴饰墙面纸

图 5.23　铺贴地面装饰纹纸

图 5.24　灯光效果的检测

图 5.25　餐桌黏合好后喷涂
表面颜色，黏接餐椅座垫

图 5.26　最终完成的室内效果

图 5.27　加上灯光后的效果

5.2.3　学生在模型制作实训中易出现的问题

1）图纸绘制时易出现的问题及解决方法

（1）容易出现的问题

①在绘制图纸时,往往容易把模型图纸与设计图纸混淆,这容易在材料切割环节产生较大影响,导致材料比较容易浪费。

②不能充分理解在分解图纸时每块面都是一个相对独立的形体,也就是说,不能从空间概念的角度理解图纸。

③往往会把不在同一平面空间的两个空间分解成一个形体,使分解出的图纸不符合制作要求。

（2）解决方法　强化训练对图纸空间的理解能力,即把图纸的平面与立面结合起来参照理解的能力,这样在分解图纸时就能精确地分割材料,不至于产生浪费。

2）手工切割机容易出现的问题及解决方法

（1）容易出现的问题　在学生模型制作中,手工切割出现问题的概率比机器切割更大。一般有面误差大、角度不精确、切口粗糙、容易受伤等问题。由于切割时切割点定位不精确,切割工具使用不当,角度把握不合理,用力不够等,都会相应地造成上述问题。

（2）解决方法　在切割时,一定要控制工具的使用力度,做到用力均匀、稳定。合理地选用好切割辅助工具,就能减少各种问题的产生。

课后思考

1. 简述室内模型的制作过程。
2. 衣柜应如何制作?
3. 内角裂缝应如何填补?

项目训练

实训项目

室内模型制作。

实训目的

掌握室内模型制作的基本方法。

实训指导

(1)选择一套完整的室内设计两室两厅居室图纸。

(2)根据设计图纸制作相应的室内模型。

(3)模型比例尺为 1∶50,规格为 30 cm×50 cm。

实训成果提交

室内模型实物。

6 室外模型制作技法

【学习目标】

掌握室外模型制作的方法及程序,了解建筑模型底盘及地形、建筑、绿化、景观小品与设施模型的详细制作方法,学会模型制作总体效果的调整,并能灵活运用。

室外模型是实际场景的微观表现,制作者应在懂得各种材料特性和工具使用方法的基础上,以严谨的态度、精致的工艺,再重点掌握几种主要的制作技法,即使是造型较为复杂、体积庞大的模型,也能运用这些基本技法的累加并辅以个人创造来完成。

6.1 模型的比例

室外模型应根据底盘大小和模型整体制作范围,选择适宜的比例尺度。在模型制作过程中为方便计算,最好取整数,如1∶100,实际1 cm代表1 m。

依据模型的规模选择适宜的比例尺度:

①小游园、单体建筑、少量的群体景物组合应选择较大的比例,如1∶100、1∶200、1∶500 等,这样模型制作的深度相对比较精细;

②大面积的绿化和区域性规划模型应选择较小的比例,宜用1∶1 000 至1∶3 000 的比例,此类模型表现的是一种场地总体规划。

6.2 模型主体建筑

建筑主体一般是由个体或少量群体建筑组成的,是室外模型的中心,其制作要求精细程度高,包括建筑主体构造、建筑细部添加及材料质感、空间感、建筑色彩表现等。

建筑主体制作材料很多,如PVC 板材、ABS 板材、木板材、有机玻璃、纸板材等。根据模型风格的不同,需要选用不同物理性能、颜色的材料进行制作,如图6.1 至图6.4 所示。

图 6.1　建筑主体 1

图 6.2　建筑主体 2

图 6.3　建筑主体 3

图 6.4　建筑主体 4

在制作建筑物模型前,务必将相应的建筑物图纸进行准确绘制,并整理出模型制作时所需要的参考、描摹、加工的建筑图纸,如每层的平面结构图、建筑外立面图、复杂的建筑物构建详图等。图纸整理完成后将其打印成模型的制作比例大小,方便在材料上放样定位、裁剪、切割,以及建筑物构建黏结组合。

6.3　模型底盘

模型底盘是建筑模型的一部分,底盘的大小、风格、材质直接影响模型的最终效果。模型的底盘尺寸一般根据建筑模型制作范围和以下两个方面因素确定:

(1)模型标题、指北针、比例尺的摆放　建筑模型的标题、指北针、比例尺一般摆放在建筑制作范围内,其内容详略不一,因此模型底盘应根据标题、指北针、比例尺的具体摆放位置和内容详略进行尺寸的确定。

(2)模型类型和建筑体量　单体模型应视其高度和体量来确定主题与底盘边缘的距离,模型底盘与外边缘界线需要 80~100 mm 的距离,如果盘面较大,可增加其外边界线与底盘边缘间的尺寸。

总之,模型底盘(图6.5)要根据制作的对象来调整大小、高低,这样才能使底盘和盘面上的内容一体化。

6.3.1 底盘的材质

制作底盘的材质,应根据模型的大小和最终用途而定。市场上轻型板、三合板、多层板等板材虽然运输轻便,价钱便宜,切割容易,但是由于这些板材是由多层薄板加胶压制而成,容易受潮变形。制作底盘的材料最好选用材质好、强度高的白松、实木板、大芯板等板材制作,如图6.6所示。一般较小的底盘直接将其按尺寸切割,镶上边框后即可使用。如果盘面尺寸较大,就要在板后用木方格将其进行加固。

图6.5 底盘　　　　　　　　　　图6.6 底盘的材质

6.3.2 底盘边框制作方法

1)用灰色或者黑色有机玻璃板

边框用珠光灰或者黑色有机玻璃板制作边框,色彩彰显典雅、豪华。具体做法:测量出底板的厚度,加出2 cm,用3 mm的有机玻璃板切割成12根长条,将边框涂上建筑胶,待胶稍干后,将切割好的有机玻璃板边条贴于边框上。

2)用卡纸外包KT板制作边框

可选用不同颜色的卡纸搭配模型,这种方法裁剪容易,适合学生作业或工作模型。具体做法:先将卡纸裁切成底板厚度的12根长条,然后用双面胶粘于底盘四周,待此道工序完成后,将卡纸裁成三倍底板厚度的4根长条,将卡纸横向折成三等分,贴上双面胶将KT板包裹起来,如图6.7所示。

图6.7 制作边框

6.4　地形制作

　　室外模型的地形是继模型底盘完成后的又一道重要制作工序。在制作地形时,地形的表现形式有两种,即具象表现形式和抽象表现形式。表现形式一般是根据主体建筑物的形式和表现对象等因素来确定的。用于展示的模型一般多采用具象表现形式,一方面可以使地形与建筑主体的表现形式融为一体,另一方面可以迎合诸多观赏者的欣赏力。对于用抽象手法来表示地形的,就需要制作者有较高的艺术造型能力和概括力,还要求观赏者具备一定的艺术鉴赏力和建筑专业知识,这样才能准确地传递建筑语言和模型形式美。

　　制作地形首先要选择大比例尺的地形图,然后确定堆积范围,并将范围线标记在地图上。选择起算面和控制点,为了便于堆积地貌,要在堆积的范围内确定适当的等高线,作为沙盘的起算面,并记下起算面的高程,作为控制点计算的基本数据。其次,在材料选择上,尽量选择地形的比例和高差合理的材料进行制作,下面介绍几种制作方法。

6.4.1　叠加法

　　叠加法可分为上下叠加和横向叠加。

1）上下叠加

　　需根据模型制作比例和图纸标注的等高线高差,选择厚度适中的聚苯乙烯板、纤维板、软木板、PVC 板、ABS 板、瓦楞纸或薄木板等板材,将需要制作的山地等高线描绘于板材上,并进行切割、打磨,然后按图纸进行粘贴,原有的等高线要依稀可见,效果如图6.8、图6.9所示。

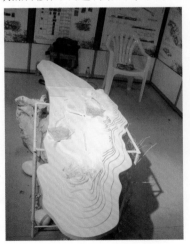

图6.8　上下叠加

图6.9　上下叠加法

2）横向叠加

　　需根据模型尺寸、地形和等高线高差的大小,选择上百张厚度适中的聚苯乙烯板、纤维板、软木板、PVC 板、ABS 板、瓦楞纸或薄木板等板材,并将所选材料竖向排放整齐、压紧,用胶液和底盘将其粘贴固定起来,然后将需要制作的山地等高线描绘于板材侧面上,并进行切割、打磨,原有的等高线要依稀可见,如图 6.10、图 6.11 所示。

图 6.10 绘制线条

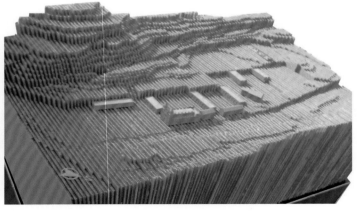

图 6.11 横向叠加

6.4.2 堆积法

采用具象的手法来表现山地,可选用石膏粉活水来进行制作,为防止石膏水外流,在浇灌前需在底盘四周用木板围合,如图 6.12 所示。

将山丘坡地的地形等高线描摹到底盘台面上,用木棍、竹签或铁钉将山地的高低变化点,如峰、岗、沟、岩、壁等,按等高比例作出标高记号,再将适量石膏粉倒入容器中,兑入适量水进行搅拌,如图 6.13 所示。需注意,石膏粉腐蚀性较强,对皮肤刺激性较大,切不可溅入眼睛,有烧伤危险,因此做此项工作时需戴一次性手套和防护眼罩。

图 6.12 木板围合

图 6.13 兑水搅拌

搅拌均匀后再将石膏纸浆浇灌上去,一层一层浇到最高点。灰粉遇水成型较快,石膏粉不可二次成型,因此动作需要果断迅速,如图 6.14 所示。

在石膏半干时可以根据图纸需要,用铲子和磨砂纸尽量将堆积地形打磨修整,否则,因石膏成型快速,风干后很容易开裂变形,如图 6.15 所示。

图 6.14　浇灌石膏纸浆

图 6.15　石膏干裂

塑造成型后，可去掉周边板材围合物，用竹片、塑料刮片或刀片适当修刮、打磨，填补出最理想的等高落差效果，如图 6.16、图 6.17、图 6.18 所示。

图 6.16　修刮石膏

图 6.17　打磨石膏

图 6.18　填补地形

6.4.3　拼削法

选择黏土或泡沫板，取最高点向东南西北方向等高或等距定位，用美工刀削去相应的坡度，大面积坡地可由几块泡沫板拼接而成。拼削时要特别注意山地的原有形态，切不可拼削成"馒头"状，效果如图 6.19 所示。

6.4.4　倒模法

倒模法是按照地形图要求，用石膏浆或黄泥塑造立体高山、山丘坡地、微地形、小岛等地形，然后用石膏翻制成阴模，按玻璃钢材料的配方在模具上涂刷树脂，裱糊玻璃丝布置成轻巧、坚固的空心山丘坡地模型。

图 6.19　拼削法

6.4.5 高低断面法

在地形图上画出等距离的纵横轴线,再用厚纸、轻木等片材做成蜂巢格子状,格内用泡沫苯乙烯碎屑和旧纸板将其填成自然的起伏效果,使它成为符合场地实情的曲面。再将其顶部用粘土填塞,做到表面压实,在顶面多贴几层柔软的麻纸,将有色灰纸揉搓后贴在表层上,这样就做成了柔软感的地面效果。需注意,地形制作始终都要考虑建筑物与周围环境的对比协调关系。

6.5 模型道路

场景模型中道路有车行道、人行道、铺路和街巷道路等,在制作道路时应根据道路的不同功能选择不同质感和色彩的材料,如道路贴纸、卡纸和彩色喷绘等,一般情况下车行道应选用色彩较深的材料,人行道、铺路和街巷则选择色彩较浅并有规则网格状的材料。下面介绍道路的几种制作方法。

6.5.1 1∶100 以上的室外模型道路制作方法

1∶100 以上的建筑模型主要是指展示类单体建筑或小园林、少量群体景物的模型,在此类模型中,除了要明确示意道路外,还需要把道路的高差反映出来,上下顺序应是:主路在最下层,辅路在中间,人行道在最上层,如图 6.20 所示。

图 6.20　道路 1

图 6.21　道路 2

在制作此类道路时,可选用不同色度的灰色卡纸、ABS 板等作为基本材料。先按照图纸将道路形状描绘在制作板上,并切割成主路和人行道,然后依次用双面胶进行粘贴,如图 6.21 所示。具体操作时,应特别注意接口处的粘接,胶液要涂抹均匀,粘贴时道路要平整,边缘无起翘现象,还可根据模型的比例及制作的精细度,考虑是否进行路牙的镶嵌,斑马线、行车线等细部的处理,效果如图 6.22、图 6.23 所示。

图 6.22　道路 3　　　　　　　　　　　　　图 6.23　道路 4

6.5.2　区域性规划模型道路制作方法

1:1 000 ~ 1:3 000 的建筑模型一般是指区域性规划模型,此类模型主要是由建筑路网和绿化构成的,如图 6.24 所示。

在制作此类模型时,路网的表现需要简单明了,颜色的选择上,一般选用浅灰色材质,并要在灰色调中考虑如何区分主路、辅路和人行道。在选用灰色有机玻璃板做底盘时,可以利用底盘本身的浅灰色做主路,用白色表示人行道,辅路色彩一般随主路色彩的变化而变化。作为主路、辅路和人行道的高度差,在规划模型中因为比例太大可以忽略不计,因此也可以自己绘制出轮廓线来表示,如图 6.25 所示。

图 6.24　区域性规划模型　　　　　　　　　图 6.25　道路

6.6　硬地铺砖

室外模型的硬地铺砖需要采用相同比例的地砖纸，按图纸形状剪裁粘贴。特殊、复杂的纹样也可自己绘制，有两种方法：一种是在底板上直接进行绘制，如图6.26至图6.29所示；另一种是在双面贴上绘制，绘制完成后按图纸中所需铺砖的形状和尺寸，用刀具裁割后将其粘贴在底板或建筑物模型铺砖的相应位置上，如图6.30所示。

图 6.26　绘制铺砖

图 6.27　铺砖 1

图 6.28　铺砖 2

图 6.29　铺砖 3

图 6.30　铺砖 4

6.7　绿化制作

在室外设计模型中，除建筑主体、道路、铺砖外，大部分面积都属于绿化范畴，因此绿化占整个盘面的比重较大。绿化形式包括乔木、绿篱、草坪、花坛、树池等，需要与建筑主体风格相统一，抽象风格的建筑需要做抽象的绿化，具象风格的建筑需要做具象的绿化。

6.7.1　草地的制作方法

制作草地的材料可以选用草皮纸、草粉、锯末粉染色等,绿地颜色选择深绿、土绿或橄榄绿较为适宜。制作抽象风格的绿地时,可以配合主体建筑的色调,选择黄褐色来处理大面积的绿地,同时配以橘黄或朱红色的其他绿化配景,使模型主体与环境更加和谐统一。制作具象风格的绿地时,要注意大面积阳光照射的地方,需呈现颜色深浅不同的效果,并需加强与建筑主体、绿化细部之间的对比。

选定材料和颜色后,将材料按模型底盘图纸中所需草坪的形状和尺寸用刀具进行切割,选用草皮纸做草地时,一定要注意草皮纸的方向性,在太阳光的照射下,草皮纸的方向不同会呈现颜色深浅不同的效果。待全部草地剪裁好后,便可按具体位置进行粘贴。粘粘时,需要从上而下进行,并把材料与底板间气泡挤压出去,若挤压不尽,则可以用圆规在气泡处扎上小孔进行排气,这样便可以使粘贴面保持平整。效果如图6.31、图6.32所示。

在黏合剂的选用上,选用草皮纸或卡纸等纸类做草地时,需要用双面胶整齐铺平粘贴;若是选择木质材料,则可以选用白乳胶或喷胶进行粘贴。如果在有机玻璃板上粘贴,需选用高粘度的喷胶或双面胶带。在选择草粉制作草地时,应先在底盘上均匀地刷上一层白乳胶,再将草粉均匀地撒在底盘上;使用丙烯颜料绘制时,需要有一定的绘画功底,将草地的厚度和阳光照射表现出来。

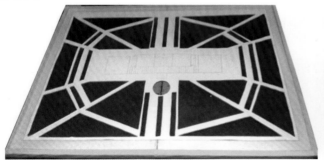　

图6.31　草地1　　　　　　　　　　　　图6.32　草地2

6.7.2　山地绿地的制作方法

山地绿地的制作一般常用以下三种方法。

1)方法一

在制作完成的山地地形上,选用深绿色、橄榄绿、翠绿和淡黄色的喷漆对其进行绿化制作。首先选用淡黄色、翠绿色的喷漆做底层喷色处理,喷色时需均匀喷洒,待第一遍干后,应及时喷洒第二遍,并及时对裂痕和不足处进行修整,直到色彩饱和均匀。放置自然通风处,待底漆完全风干便可进行表层喷漆上色处理。表层喷漆的颜色可选用橄榄绿和深绿色喷出渐变效果,喷漆时注意应先喷浅色再喷深色,如图6.33、图6.34所示。

图 6.33　喷漆制作山地 1　　　　　　　　图 6.34　喷漆制作山地 2

2) 方法二

对堆砌的山地地形造型进行修整,用废纸将不需要绿化的部分遮住并进行粉末颗粒的清除,将白乳胶用板刷均匀涂抹在需要绿化的山地地形上,再将调配好颜色的草粉和树粉均匀撒在上面,多撒几层直到看不见底板的颜色,如图 6.35、图 6.36 所示。注意,在铺撒草粉时,可以根据山地的高低及朝向做一些色彩上的变化,在建筑周边还可以撒上一些颗粒大的树粉,铺撒完后,可以进行轻轻的挤压,再将其放置一边干燥。干燥后,将多余的粉末清除,对缺陷再稍加修整,即可完成。

图 6.35　草粉制作山地 1　　　　　　　　图 6.36　草粉制作山地 2

3) 方法三

在制作抽象风格的山地时,可以配合主体建筑的色调,选择黄褐色的锯末粉来处理大面积的山地绿地,如图 6.37、图 6.38 所示。

根据模型需要,还可以在地形材料上涂上土黄色丙烯颜料,然后刷上白乳胶,撒上细沙或白盐,稀疏插上几根枯枝,即可做出各种雪景的山地,效果如图 6.39、图 6.40 所示。

6.7.3　树的制作方法

树的高度应为 5 ~ 8 m,相当于 2 ~ 3 层楼高,制作的树分为抽象的树和具象的树两种。

图 6.37 锯末粉制作山地 1

图 6.38 锯末粉制作山地 2

图 6.39 未刷雪景的山地

图 6.40 刷雪景的山地

1）抽象的树

抽象的树一般表现在概念模型中，可以把树的形状概括成球状、锥状和圆柱状，材料可以选用日常生活中的玻璃珠、滚豆、木棍等制作，如图 6.41、图 6.42 所示；可以用硬纸板或有机玻璃板制作片状的植物，如图 6.43、图 6.44 所示；还可以选用泡沫板、大孔泡沫塑料、海绵、丝瓜瓤、棉花等材料。制作时，先将以上材料剪成若干个小方块，然后修其棱角成球状体、锥状体，再通过喷漆着色就可以形成一棵棵树。

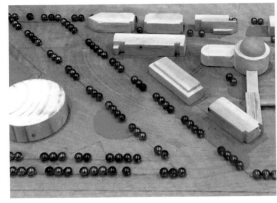

图 6.41 球状树

图 6.42 圆柱状树

图 6.43　硬纸板树

图 6.44　片状树

2) 具象的树

具象的树一般表现在实景模拟模型中,制作时,先将将多股细铁丝或剥皮铜线的一端拧紧,并按照树的高度截成若干节,将上部枝叉部位掰开,并用剪刀修整树形,即可完成树干制作。树冠部分的制作,一般选用草粉或树粉,将材料粉末放置在容器之中,将事先做好的树干部分均匀地刷上白乳胶,并在草粉或树粉粉末中搅拌,待涂有胶部处粘满粉末后,将其放置于一旁干燥。完全干燥后,将上面粘有的浮粉末吹掉,便可完成树的制作。制作步骤如图6.45至图6.52所示。

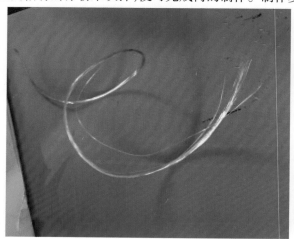

图 6.45　细铁丝

图 6.46　树干制作 1

图 6.47　树干制作 2

图 6.48　树干制作 3

图 6.49　树冠制作 1

图 6.50　树冠制作 2

图 6.51　具象的树 1

图 6.52　具象的树 2

　　树的枝杈除了可以用扎丝外,还可以用棉花、树枝等,如图6.53所示。树枝可以截取满天星的枝干,如图6.54所示,或者从灌木上折取枝杈细并多的树枝,在枝干残缺部分刷上白乳胶粘贴树枝进行弥补,如图6.55 至图6.57所示;还可以选择不同颜色的彩泥进行捏制。树冠的颜色可以根据现实中树的色相来上色,例如香樟树绿色、桃树红色、樱花树粉色、紫荆紫色、银杏树黄色。

　　此外,也可在市面上购买成品的树,如图6.58 至图6.60 所示。

图 6.53　棉花做的植物

图6.54　满天星做的植物

图6.55　树枝

图6.56　粘贴树枝

图6.57　完成效果

图6.58　成品的树1

图6.59　成品的树2

图 6.60　成品的树 3

6.7.4　绿篱、花坛的制作方法

　　绿篱和花坛可选用树粉、木削和大孔泡沫塑料等材料制作，并可以根据绿篱和花坛的颜色选择合适的材料。

　　在选用树粉制作时，先将绿篱、花坛底部用白乳胶均匀涂抹，然后撒上树粉，由于树粉颗粒较大难以粘稳，所以在撒完树粉后需要用手轻轻按压几秒，再将多余部分清除，这样便完成了绿篱和花坛的制作，如图6.61 所示。

图 6.61　花坛

　　选择大孔泡沫塑料时，需要用剪刀将大孔泡沫塑料修剪成绿篱和花坛的图形，然后再用模型胶对其进行粘贴，如图 6.62、图 6.63 所示。

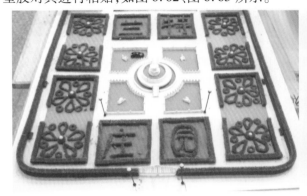

图 6.62　绿篱 1

图 6.63　绿篱 2

6.8　水景的制作方法

　　水景的表现方式应随模型的比例及风格而改变。在制作比例较小的水景时,水面与路面的高差可忽略不计,用蓝色卡纸按其图纸水面形状直接剪裁粘贴即可,效果如图 6.64 所示。

　　在制作模型比例尺较大水面时,先将模型中水面的形状和位置挖出来,如图 6.65 所示。然后在镂空处均匀喷上蓝色自喷漆、粘贴喷绘水面的图片或者画上蓝色丙烯颜料,效果如图 6.66 至图 6.69 所示。

图 6.64　水面

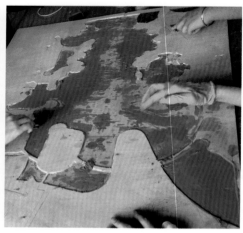

图 6.65　挖出水面位置

图 6.66　粘贴喷绘水面的图片

图 6.67　画上蓝色丙烯颜料

　　最后,将透明有机玻璃板或带有纹理的透明塑料板按设计高差贴于水面镂空处。用这种方法表现水面,一方面可以将水面与路面的高差表示出来,另一方面透明板在阳光照射和底层蓝色漆面的反衬下,有较强的仿真效果。

图 6.68 画上渐变蓝色丙烯颜料

图 6.69 水景完成效果

具象的水景可以在画好的渐变蓝色丙烯颜料表面上刷水景胶,模拟真实海浪、水花,效果如图 6.70 所示。注意事项:

- 水景膏不能一次刷太厚,一次可为 2～3 mm。若需要更厚可分层浇注,以免出现皱裂纹。
- 浇注前需先清理好底板表面,太多灰尘会影响效果。
- 如果底面刷有丙烯颜料,需先使颜料干透后再薄薄地涂上一层白乳胶做隔离,再刷水景膏,这样可以避免水面收缩或龟裂。

不同建筑模型,为达到不同效果,水景的颜色也是不一样的,效果如图 6.71 所示。该模型为了表现统一的古建筑风格,将河面刷成黄褐色。

图 6.70 海浪

图 6.71 水景效果

6.9 沙滩的制作方法

在地形材料上刷上白乳胶,再撒上细黄沙,如图 6.72 所示。待胶干透后刷去多余的部分,即可做出沙地、海滩、海岛的效果,如图 6.73 所示。

图 6.72　制作沙滩

图 6.73　沙滩完成效果

6.10　景观小品的制作

6.10.1　雕塑小品、假山

　　雕塑小品、假山在环境设计模型中起到对环境的装饰、点缀作用。制作雕塑小品和假山时，在材料的选择上要视表现对象而定，一般可以用有机玻璃板、金属管、纸黏土等材料来制作，有机玻璃板可以制作出玻璃质感和透光性较强的雕塑，如图 6.74 所示。金属材料可以制作出较强劲质感的雕塑，如图 6.75 所示。纸黏土可塑性强、颜色多，通过堆积、捏塑便可制作出极富表现力和感染力的雕塑，如图 6.76 所示。此外，假山的制作可以利用碎石块或水泥堆积制作，风格和色彩需要与整体环境相适应，如图 6.77 所示。

图 6.74　有机玻璃雕塑

图 6.75　金属材料雕塑

图 6.76　纸黏土雕塑

图 6.77　山石

6.10.2　人物、车辆、家具、船

　　这类构件体量小,细节丰富,形象鲜明,建议在市面上购买成品,如图 6.78 至图 6.80 所示。

图 6.78　车辆

图 6.79　室外家具

图 6.80　船

6.10.3　围栏、花架、景桥、廊架、亭子

　　这类园林建筑在环境设计模型中经常出现,造型多样,制作方式也不同。由于受比例尺及手工制作等因素制约,很难将其准确表现出来,因此可以在制作时概括处理。
　　制作小比例尺的园林建筑时,最简单的方法是先将计算机绘制的图形打印出来,然后将图像按比例复印到透明胶片上,按轮廓剪切粘贴即可。制作大比例尺的园林建筑时,可以采用木棍纵横搭建,需注意接口处平整、体量适宜,如图 6.81 至图 6.83 所示。制作廊架和亭子时,还需用 ABS 仿真瓦片板制作亭顶,最后喷涂色彩,如图 6.84 所示。

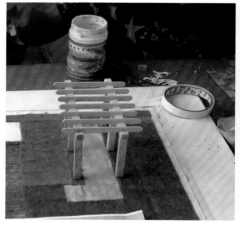

图 6.81　花架 1

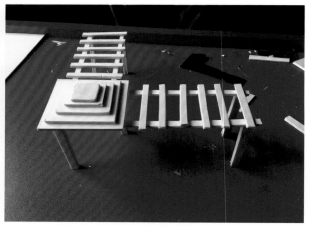

图 6.82　花架 2

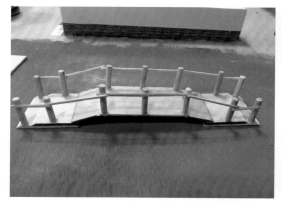

图 6.83　景桥

图 6.84　景廊

6.10.4　路灯

在大比例尺模型中，有时会在道路两边制作一些路灯作为配景。可选用红色、绿色、透明的小型链珠等材料，通过艺术的组合方式，制作出各种形式的路灯，如图 6.85 所示。

在制作小比例尺路灯时，最简单的方法是将大头针带圆头的上半部用钳子折弯，然后在针尖部套上一小段塑料导线的外皮，以表示灯杆的基座部分。

6.10.5　标题、指北针、比例尺

标题、指北针、比例尺等是环境设计模型中具有示意性功能的又一重要组成部分。常见的制作方法有以下几种。

（1）有机透明玻璃制作法　这种方法需要用电脑雕刻机将有机玻璃雕刻制作完成，较为传

图 6.85　路灯

统,立体感较强,文字精细,与各类模型较为协调。不足之处在于,用手工很难规范雕刻,需要购买电脑雕刻机才能完成,如图 6.86 所示。

（2）即时贴制作法　这种方法是将标题、指北针、比例尺的样式在电脑上制作完成后按合适比例打印在即时贴上,然后将其裁剪下来贴在模型底盘上。制作过程方便简洁、整洁美观。另外,即时贴色彩丰富,便于选择,如图 6.87 所示。

图 6.86　有机透明玻璃制作法　　　　　　　图 6.87　即时贴制作法

6.11　模型中的声、光、电

声、光、电效果合成框架是当代模型艺术与高科技相结合的运用,具有灯光效果、图片录像展示、声音解说、背景音乐等功能,有一台多媒体计算机对其进行集中控制,并能与展示大厅的音响系统、大屏幕投影设备进行配合,实现综合控制,达到综合、全面的演示效果,此类模型一般用于规划展示馆或一些大型房地产售楼部中展示使用。

6.11.1　电源

建筑模型中的电源主要有电池电源和交流电源两种。

（1）电池电源　电池是日常生活中最简单的供电设备,主要包括普通电池、蓄电池、太阳能电池等。

（2）交流电源　交流电源主要是指大小和方向随时间做周期性变化的电压和电流。我国交流电供电的标准频率为 50 Hz,交流电源能持续供电,电压稳定,主要用于大型展示模型。

6.11.2　灯光

灯光在建筑模型、商业模型中十分常见。灯光不仅让模型变得更有艺术感,更具美感,而且还能模拟模型的白天、夜间效果,让模型更加真实。灯光的类型有以下几种。

（1）指示灯泡　亮度高、易安装、易购买,但发光时温度高,耗电多,适于表现大面积的照明。用于较大的模型室内空间照明。

（2）发光二极管　价格低廉、电压低、耗电少、体积小、发光时无温升等，适于表现点状及线状物体。可用于模型各个细节地方。主要用于模型中建筑的各个角落、花坛、绿地、路灯、指示牌等细节地方，突出空间的层次感。

（3）光导纤维　亮度大、光点直径极小、发光时无温升，但价格昂贵，适于表现线状物体。通常用于表现模型水体形状，增强建筑外观流线，突出广场铺装的灯光效果。

6.11.3　灯光的设计与使用

（1）沙盘模型的楼体内部灯光　楼体内部通常可以配备不同亮度和不同颜色的灯光，如此形成交错的视觉效果，既能够让人们对建筑功能分区一目了然，又符合真实场景。此外，建筑楼体分层亮灯还为建筑模型增添不少艺术色彩，彰显现代化大都市的气息。

（2）LED庭院灯　采用造型美观、高亮度的观赏灯，考虑观赏性，比例可以适当放大。

（3）环境灯光　绿色丛中、花池中埋置高亮度彩色地灯。在安装彩灯的同时，应该根据场景的不同来设置灯光的密度及颜色，彰显沙盘模型的高雅，避免大片安置的俗气。

（4）LED路灯　选择主干道，道路两侧设置亮的路灯。马路主干道的线可以做成流动灯光，使得沙盘模型看上去更有动感。

6.11.4　灯光控制

灯光控制有手动开关和遥控装置两种。用遥控装置控制系统控制，将设计出的控制系统程序置于底盘内，遥控器上的每个遥控键控制特定的灯光分区，如1号键控制建筑灯、2号键控制地灯等。

6.11.5　音响动力

声音解说和背景音乐为两条独立的声音信道，可以分别进行，独立存在。声音解说系统可以提供与灯光效果、图片视频展示同步的独白播出，向观众提供全面的信息。声音解说的音频信号可以通过计算机进行控制，并根据指令在多媒体展示计算机上播出录制好的音频文件。多媒体展示计算机可以向展厅音响系统提供音频信号输出，由展厅音响系统的专业音响设备进行最终的播放。多媒体展示计算机的声音解说输出，完全接受控制计算机的控制。

复杂的音响系统可以深入模型构件中，在建筑、草坪、树木等构件的隐蔽处安装不同声效的蜂鸣器。动力系统主要用于特殊的模拟场景中，例如风车、旋转展台等。

课后思考

1. 简述建筑单体模型的制作过程。
2. 讨论地形模型制作的重要性。
3. 怎样把握模型制作中绿化所占比重？

项目训练

实训项目

景观廊架制作。

实训目的

掌握景观廊架制作的基本方法。

实训指导

（1）选择一套完整的中式景观廊架设计图纸。
（2）根据设计图纸制作相应的景观廊架模型。
（3）模型比例尺为 1∶50。

实训成果提交

景观廊架模型实物。

7 室外模型制作实训

【学习目标】

通过室外模型制作实例使学生掌握室外模型制作方法和程序,并能完成室外模型的制作,然后举一反三,在以后的专业模型制作时能够熟练完成。

下面以金银湖湿地规划模型制作为例。

7.1 金银湖湿地概况

金银湖湿地公园位于武汉市东西湖区金银湖,是武汉市面积最大的城市湿地公园,国家城市湿地公园。建于2001年,占地面积1 155亩,其中半岛型陆地255亩,湖面900亩,湿地面积占公园91%,是一座以水生植物为主的自然生态郊野型湿地公园,如图7.1所示。

7.2 模型比例的选定

在选取比例时,一般应遵循以下几个原则:

①确保模型的可操作性。例如模型制作时,需要挖洞、雕刻的地方可以操作实施。

②确保模型的完整性,能够表达出建筑与周边场地的关系。

③根据模型展示场地大小,选择适宜的模型比例。

根据以上原则,确定金银湖湿地规划模型的制作比例为1∶500。

7.3 模型制作材料及工具选用

(1)模型基座 1 200 mm×2 400 mm大芯板一张。

图 7.1 金银湖湿地卫星图

（2）废旧材料与主材综合利用

①利用建筑工地废旧木材的质感与形状制作模型中的低矮建筑；

②利用高密度泡沫板制作高层建筑；

③利用不同灰度的卡纸制作模型中的景观道路；

④利用废弃窗帘珠的透明质感与圆形特性制作模型中的景观植物。

（3）辅助工具 铅笔、钢尺、剪刀、美工刀、锯子、白乳胶、U 型胶、砂纸、马克笔等。

7.4 模型图纸绘制

绘制图纸时，先在百度地图、奥维互动地图中下载金银湖湿地的卫星图片，打开绘图软件 Auto CAD，点击插入光栅图像，将金银湖湿地卫星图片插入 Auto CAD 绘图窗口中，进行平面图整体描绘，尽量客观地对待卫星图纸，不能随意加大或减小建筑构件的尺寸，运用对比统一的绘制原则进行设计规划，卫星图像模糊不清的地方可以适当调整。金银湖湿地图纸整理如图 7.2 所示。

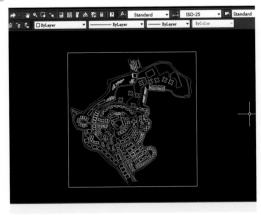

图 7.2 用 Auto CAD 软件绘制平面图   图 7.3 打印出图纸

最后按模型 1∶500 的比例打印出图纸，如图 7.3 所示。

7.5　模型建筑制作

　　因为制作的是概念体块规划模型，所以建筑是以单体的加减和群体拼接为制作手法，采用了木条本身的原木色和白色泡沫板本身的颜色制作。单体建筑制作一般按建筑楼高度和数量，分类别地进行建筑体块制作，没有门窗等建筑细部的处理，只是抽象地表达出纯粹的形象，如图7.4所示。具体步骤如下。

图7.4　制作建筑

　　（1）画线　制作建筑单体时，需要将该建筑物的各个二维平面用拓印法或测量画线描绘在选定的废旧木条上。注意：选择废旧木条时，需要根据建筑物大小，选择大小适宜的木材。

　　（2）切割　切割时，一般是先划后切，先内后外。先划后切，即先作划痕再切割。需注意：用木材制作的建筑，需要选用锯齿适中的钢锯进行切割，切割时尽量轻、慢，且用力均匀，避免边缘毛糙；用泡沫板制作的建筑，在切割时需要用美工刀进行切割。因为建筑较多，为避免粘贴时产生混乱，需将切割好的建筑单体进行编号。

　　（3）打磨修整　单体建筑切割完成后，再逐一进行打磨修整。修至表面光滑、切割面无凹凸感。

7.6　模型底盘、路网制作

　　金银湖湿地主要以概念的艺术形式表达，因此底盘、路网选用了暖灰色和底板本身的原木色。

　　将大芯板用细磨砂纸进行抛光打磨，尽量不要露出木板的纹路，制作成模型底板。

　　选用不同色度的灰色卡纸作为制作道路、草坪、铺装的基本材料。首先按照图纸将主路形状描绘在颜色较深的灰色卡纸上，将人行道描绘在颜色较浅的灰色卡纸上，再将草坪、铺装等描绘在中度灰色的卡纸上，然后使用剪刀进行裁剪，最后依次用白乳胶将道路按照图纸粘贴在底盘的相应位置上，如图7.5至图7.8所示。具体操作时，应特别注意接口处的粘接，胶液要涂抹均匀，粘贴时道路要平整，边缘无起翘起皱现象。漏出的底板部分则用来表示湖水，这样的道路铺砖整体色调十分统一。

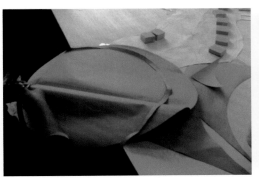

图 7.5 制作铺装　　　　　　　　　　图 7.6 制作人行道

图 7.7 制作草坪　　　　　　　　　　图 7.8 制作主路

金银湖湿地规划模型底盘、地形、道路制作完成后,再将建筑粘贴在相应位置,粘贴时要注意顺序,尽可能做到严丝合缝,尤其要把握好模型整体的比例、尺寸,效果如图 7.9 至图 7.11所示。

图 7.9 粘贴低层建筑

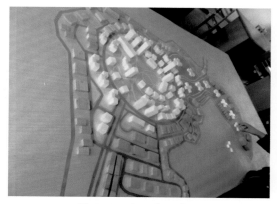

图 7.10   粘贴高层建筑

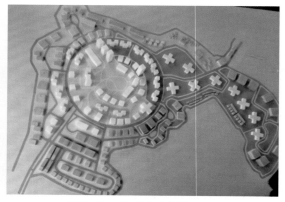

图 7.11   粘贴建筑完成效果

7.7   模型植物制作

金银湖湿地规划模型的植物,可选用废旧窗帘玻璃珠进行制作,首先挑选出不同型号大小的透明玻璃珠表示不同大小的植物,需要把握好植物与建筑的比例,然后在图纸中相应的位置上进行粘贴,如图 7.12 所示。

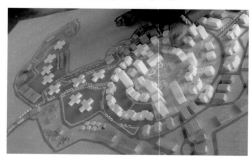

图 7.12   粘贴植物

7.8   模型书写文字说明

用暖灰色的马克笔在底盘左边的空白处书写整齐的文字说明,内容可以包括项目概况、制作流程、使用材料、期望等,并在下方备注制作者信息,如图 7.13、图 7.14 所示。

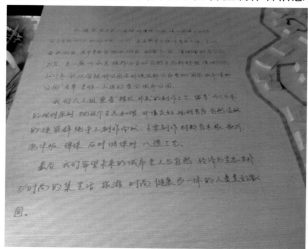

图 7.13   文字说明

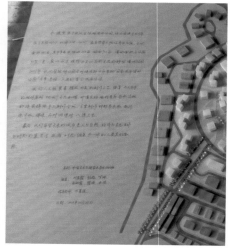

图 7.14   作者信息

7.9 制作模型标题、指北针、比例尺

将标题、指北针、比例尺的样式在电脑上制作完成后，按合适比例打印在灰色卡纸上，然后将其形状裁剪下来贴在模型底盘右侧的空白处，如图7.15所示。

7.10 检验调整

图7.15 标题、指北针、比例尺

模型全部制作完成后，需要根据图纸依次进行检验，对不符合要求的地方进行修改调整，直至达到要求为止。检验合格后用橡皮擦、酒精棉等工具进行清理，不允许留存加工的碎料、污垢、灰尘。

在整体调整后，金银湖湿地规划模型制作就全部完成了。

7.11 模型拍照存档

模型制作完成后，要进行拍照存档。在拍照时要根据模型的形状选好角度，充分表达模型的特色，一般选取的拍摄效果有俯视整体照片、局部特写细节照片、立面照片等，如图7.16至图7.20所示。

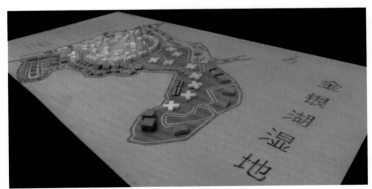

图7.16 俯视整体照片

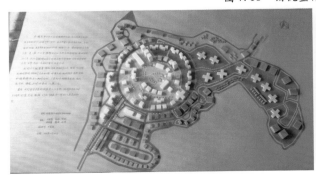

图7.17 平面照片

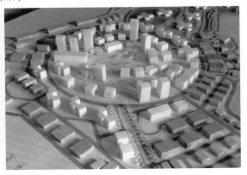

图7.18 局部特写细节照片1

图 7.19　局部特写细节照片 2

图 7.20　立面照片

课后思考

1. 仔细观摩一组完成的室外模型制作视频。
2. 怎样把握模型制作中绿化所占比重?

项目训练

实训项目

室外模型制作训练。

实训目的

掌握室外模型制作的基本方法。

实训指导

(1)选择一套完整的室外设计图纸。
(2)以 3~5 人为一组,根据设计图纸制作室外模型。
(3)模型底板幅面尺寸不小于 900 mm × 1 200 mm。

实训成果提交

室外模型实物一个。

8 模型的摄影与保存

【学习目标】

    掌握室内外模型拍摄的方法与技巧,正确选用镜头、照明灯具、背景布及反光板等对模型进行标准拍摄,并能合理保存模型。

8.1 模型摄影

8.1.1 入门道具

    (1)相机 在数码摄影极其普及的今天,城市中的每个家庭基本都拥有一台数码相机。数码技术日新月异,现在的数码相机很多拥有一些准专业的功能,个头小本领大,如变换焦距、微距摄影、白平衡调整、手动曝光、外接闪光灯等。有这些功能就可以完成大多数的模型拍摄任务。

    (2)灯光 阳光的色温(简单来说就是光源的色彩)最标准,用阳光拍摄的模型色彩最逼真。其次,我们还可以利用手头现有的发光物件,如台灯、节能灯、荧光灯、手电筒、矿灯等。根据不同需要,这些光源合理组合,时常能达到理想的效果。

    (3)小道具 为了使拍摄的作品更有气氛和个性,还会用上一些小道具,按用途可分为拍摄用的和被拍摄用的两类。拍摄用的,如三脚架、反光板、柔光屏、滤色镜等;被拍摄用的,如背景纸(或布)、衬底材料、小道具等。

8.1.2 标准照的拍摄

    在模型制作的毛胚阶段,为了真实记录制作过程和表现改造细节,常常会为模型拍摄各阶

段的标准照。模型完工后,三视的标准照也是不可或缺的。标准照的几个要点是:

①透视感正确;

②色彩还原准确;

③角度工整;

④细节丰富;

⑤比例、尺寸清晰。

为了达到这些目标,可以从以下几点入手:

①为了有良好的透视感,拍摄时尽量选用标准镜头、长焦镜头(镜头焦距等于或大于底片对角线长度的镜头)或变焦镜头的标准段以上。直观一点来讲,就是变焦镜头处于变焦范围偏长的位置。焦距太短,拍摄的物体变形太厉害,中长焦段拍摄的模型透视感良好。

②色彩要准确,选择合适的背景纸很关键。以前看到很多同好拍摄模型时常选用一些色彩鲜艳的背景纸,如蓝绿色等,这在拍摄标准照时是不合适的。背景的色彩会映射到模型表面,使模型的固有色发生偏色,在暗部尤为明显。理想的标准照背景应该是消色系的(黑、白、灰),尤以白、灰居多。白色背景拍摄可以有充足的光线,各部位细节清晰,但有时稍显呆板,同时不适合拍摄浅色模型;灰色背景用处最多,它可以较好地再现模型的亮部和暗部,兼顾浅色区域和深色区域,反差良好,立体感强,但是不适合拍摄刚喷完补土的模型;黑色背景要谨慎使用,一方面是市面上标准的黑卡纸和黑布难觅,另一方面黑背景拍摄的物体较为干涩,拍摄前还要根据现场光源调整好白平衡。

③光线最好柔和一些,平均一些。在阳光下拍摄要避免光线直射到模型上,否则会使高光部位曝光过度失去细节,应该选择在墙边、窗边等光线柔和均匀的地方。同时,拍摄时最好在阴影部位旁加上白卡来反光,以提高暗部的光照度。用灯光拍摄时尽量做到左右两边的光量基本相同,可以选择数量相等的灯具在相等的距离进行照射。照射的方向以左右各斜上方 45° 为宜。用白炽灯或荧光灯时,记得要把白平衡调到相应的位置。

④角度方面尽量中规中矩一些,无非是前后左右加顶视(有的还要底视),再加上 45°俯视。

⑤通常模型的体量都不会太大,同好们在拍摄时常常会遇到一个问题:拍清楚了前面但后面就模糊了,拍清楚了后面但前面又虚了,其实这是景深太浅了。景深是指焦点前后清晰的范围,拍摄模型时通常需要较大的景深。要获得大景深可以从三方面入手:

a. 拍摄时选用相机的 A 档模式(光圈优先),使用小光圈拍摄。注意:数值越大光圈越小,16 的光圈就比 1.4 的光圈要小;光圈越小景深越大。

b. 选择的焦距不要太长,过长的焦距会减小景深。

c. 拍摄时镜头离模型不要太近,距离过近也会减小景深。

这三点相互作用,有时候也会相互冲突,但相比之下,用光圈控制景深最为有效。

⑥拍摄时为了显示模型的实际大小,可以在模型旁放置一些小道具作为参考物,如硬币、ZIPPO 打火机、烟盒等,也可以直接把模型放在带有标尺的切割垫上拍摄。

⑦拍摄时最好使用三脚架,可以非常有效地提高照片的清晰度。使用三脚架时要配合使用快门线,没有快门线的可以使用相机的自拍功能。

8.1.3 拍摄的几种类型

(1)平视拍摄　平拍是指照相机处于人眼的相同高度的拍摄方式,这时照相机与被摄体处

于同一水平线上,因此画面就显得比较平稳。如果不采用超广角镜头来拍摄,画面基本不会出现严重的畸变,所以人眼通常易于接受。它是最常规的一种拍摄方式,如图8.1、图8.2所示。

图8.1 平视拍摄模型1

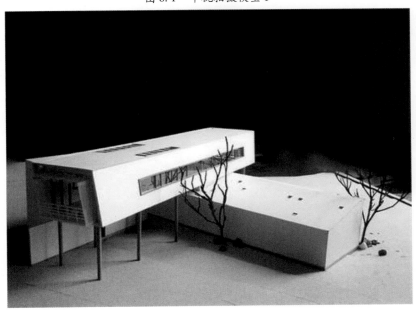

图8.2 平视拍摄模型2

(2)仰视拍摄 仰拍是指照相机低于拍摄对象,也就是照相机的镜头由下往上拍摄主体。仰拍比较有利于表现出拍摄对象的高大气势,能将向上伸展的景物表现在画面上。用低角度拍摄人物,可以采取下蹲姿式来拍摄。但在室外仰拍多数是以天空为背景,如果是拍摄人物,当以拍摄主体为测光点,通常应适当增加曝光量。

(3)俯视拍摄 俯拍是指照相机高于拍摄对象,也就是照相机的镜头由上往下拍摄主体。俯拍比较有利于表现地面景物的层次、空间、数量、地理位置等比较宏大的场面,也能较好地增强拍摄对象的空间和立体效果。俯拍多用于拍摄大场面的风景,如河流、山川等,航拍就是最典型的俯拍,如图8.3、图8.4 所示。

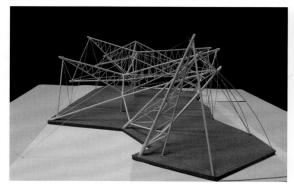

图8.3　俯视拍摄模型1

图8.4　俯视拍摄模型2

图8.5　模型背景的处理1

（4）拍摄背景　拍摄模型,背景衬托是很重要的。应根据模型的功能、整体造型和色彩而设定拍摄背景,拍摄背景要简洁、单纯,不能喧宾夺主。背景的选择分自然背景和室内背景两种。最简单的方法是在天晴的时候把模型抬到室外,以草地和树木为背景,根据太阳光投射的方向摆放模型进行拍摄,也可放到楼顶上,用远山、远树为背景,如图8.5 至图8.7 所示。

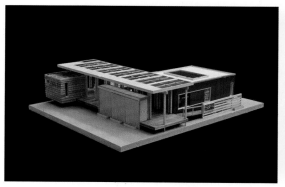

图8.6　模型背景的处理2

图8.7　拍摄时模型放入草丛

8.2　模型保存与后期处理

8.2.1　模型的保存

　　经过一番辛苦的设计与制作,一套精美的建筑模型就制作好了。成品的建筑模型需要设置长期的保存设施。如果是在一些公众场合展出,由于建筑模型的精细工艺和逼真的效果,许多观众出于好奇会不自觉地用手去触摸模型,造成不必要的损坏,因此必须对模型进行一定的保护。

建筑模型的防护措施一般有防尘、防潮和防热等几个方面。目前通行的做法是给成品的展示模型加一个防护面罩,即用玻璃或有机玻璃板制成一个与底盘面积相当的空盒形状罩在整个模型上,既可以用于防尘、防触碰,又不影响观赏。由于建筑模型在制作过程中需要用到各种黏合剂,有些黏合剂在潮湿的环境中很容易失去粘性,所以摆放建筑模型的室内空间还要有防潮设施,比如安装空调或抽湿设备,也可以在模型内部放置一些干燥剂。另外,由于制作建筑模型的主体材料都是一些塑料板材,这类材料在高温情况下很容易变形老化,所以不能将模型放置在高温环境下,要尽量远离热源,避免风吹日晒。

8.2.2 模型的后期处理

模型制成以后,一般交由委托单位使用,作为制作者往往需要拍摄一些照片作为存档。此外,模型的照片还可以和其他图纸一起作为建筑项目报建和审批的资料。

另外,模型拍照后的数码照片可以很方便地输入电脑,用 Photoshop 等软件来进行后期处理。

课后思考

1. 模型摄影与普通摄影的区别有哪些?
2. 模型摄影的常用器材有哪些?
3. 不同种类的模型对拍摄角度的要求有何区别?

项目训练

实训项目

室内外模型拍摄及后期处理。

实训目的

掌握室内外模型摄影和后期处理的技巧。

实训指导

（1）选择合适的背景，利用自然光线或人工照明，在室内拍摄 10 张室内外模型照片。

（2）拍摄时注意突出模型类型特点，多角度多视点表现，既有整体，也有细节，同时注意突出模型的设计重点。

实训成果提交

用 Photoshop 软件处理拍摄的模型图片，并打印出来进行展示。

9 优秀作品欣赏

图 9.1

图 9.2

图 9.3

图 9.4

图 9.5

图 9.6

图 9.7

图 9.8

图 9.9

图 9.10

图 9.11

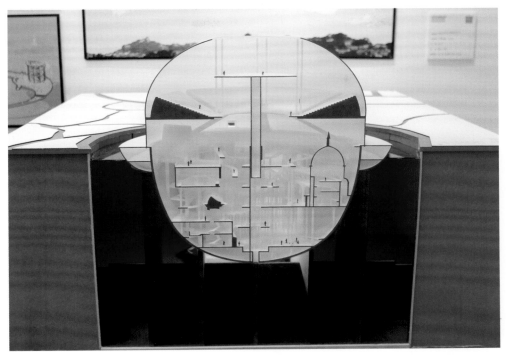

图 9.12

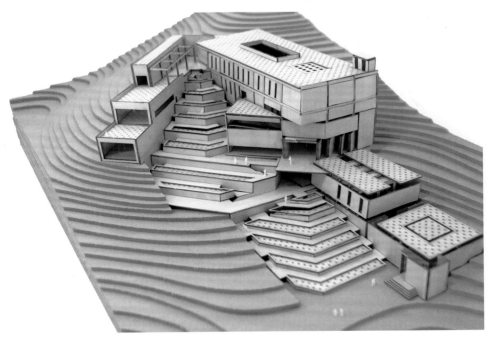

图 9.13

图 9.14

图 9.15

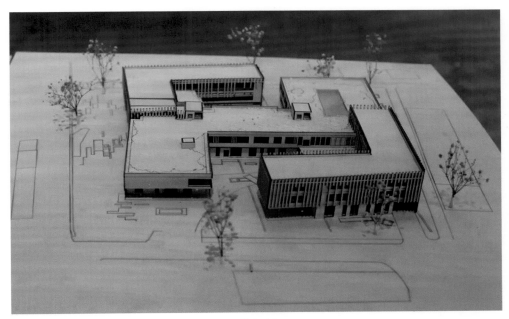

图 9.16

图 9.17

图 9.18

图 9.19

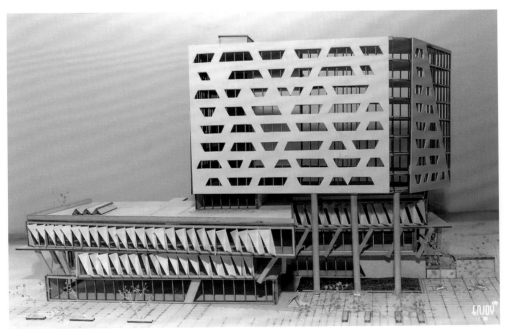

图 9.20

图 9.21

图 9.22

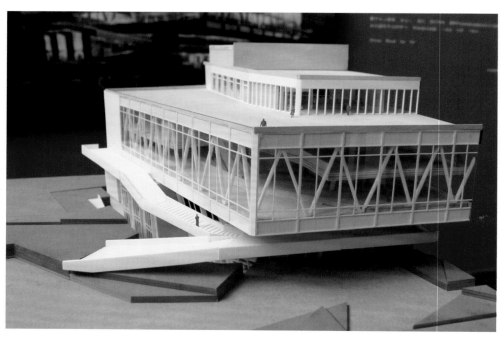

图 9.23

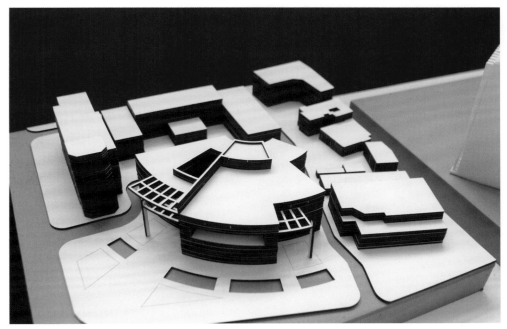

图 9.24

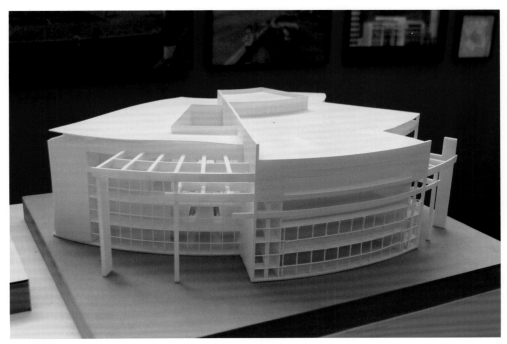

图 9.25

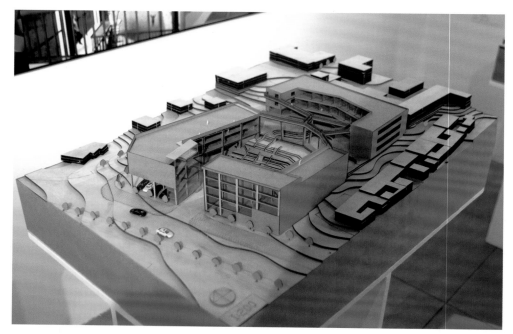

图 9.26

图 9.27

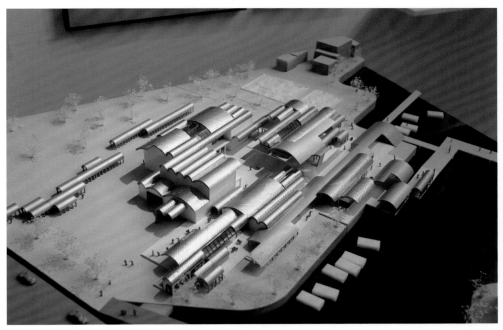

图 9.28

图 9.29

图 9.30

图 9.31

图 9.32

图 9.33

图 9.34

图 9.35

图 9.36

图 9.37

图 9.38

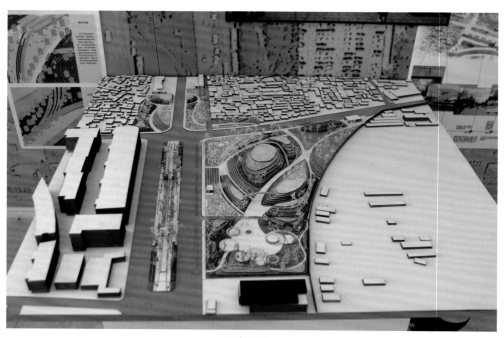

图 9.39

图 9.40

图 9.41

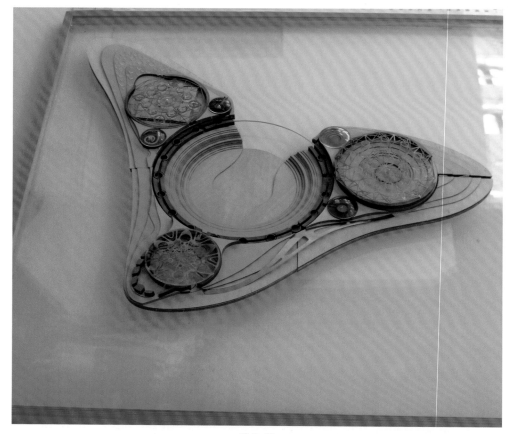

图 9.42

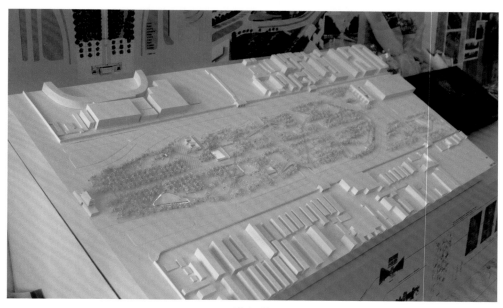

图 9.43

图 9.44

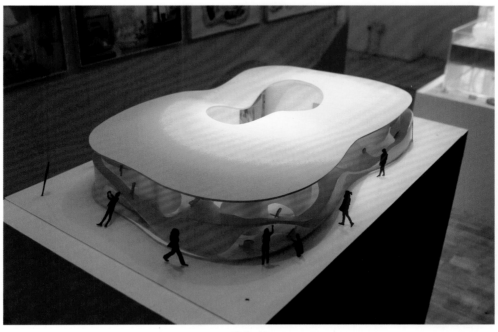

图 9.45

图 9.46

图 9.47

图 9.48

图 9.49

图 9.50

图 9.51

图 9.52

图 9.53

图 9.54

图 9.55

图 9.56

图 9.57

图 9.58

图 9.59

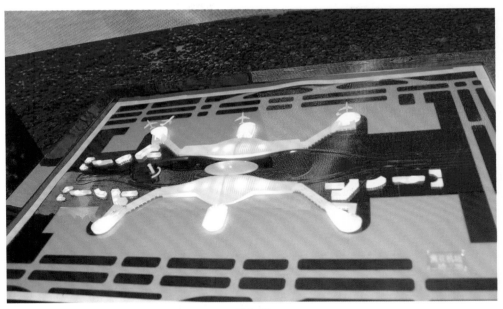

图 9.60

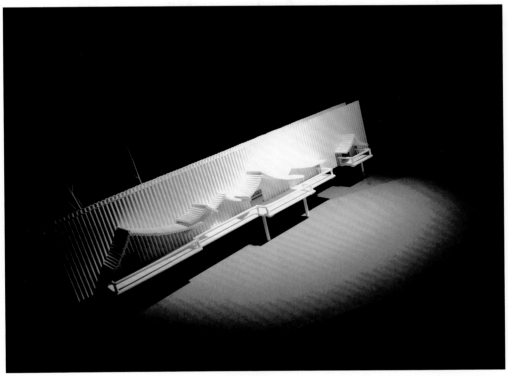

图 9.61

参考文献

[1] 鲁文悦. 环境设计模型制作[M]. 青岛:中国海洋大学出版社,2014.

[2] 易泱. 模型设计与制作[M]. 石家庄:河北美术出版社,2017.

[3] 李绪洪,陈怡宁.游戏建筑 空间模型艺术设计[M]. 广州:广东人民出版社,2016.

[4] 林家阳. 模型制作与实训[M]. 上海:东方出版中心,2013.

[5] 王裴. 模型设计与制作[M]. 北京:中国建材工业出版社,2016.

[6] 张引. 建筑模型设计与制作[M]. 南京:南京大学出版社,2015.